Roth

Hypericum Hypericin

Botanik · Inhaltsstoffe · Wirkung

Arzneipflanzen-
Monographien

Hinweise für den Benutzer:

In diesem Werk werden wissenschaftlich als gesichert anerkannte Erkenntnisse wiedergegeben. Der Leser darf darauf vertrauen, daß Autoren und Verlag größte Mühe darauf verwandt haben, diese Angaben bei Fertigstellung des Werkes genau dem Wissensstand entsprechend zu bearbeiten; dennoch sind Fehler nicht vollständig auszuschließen. Aus diesem Grund sind alle Angaben, Daten und Hinweise mit keiner Verpflichtung oder Garantie des Verlages oder des Autors verbunden. Beide übernehmen infolgedessen keinerlei Verantwortung und Haftung für eine etwaige inhaltliche Unrichtigkeit des Buches.
Die Wiedergabe von Gebrauchsnamen, Handelsnamen, Warenbezeichnungen usw. in diesem Werk berechtigt auch ohne besondere Kennzeichnung nicht zu der Annahme, daß solche Namen im Sinne der Warenzeichen- und Markenschutzgesetzgebung als frei zu betrachten wären und daher von jedermann benutzt werden dürften.

Es werden zahlreiche, bisher unveröffentlichte Versuche aufgeführt sowie Arbeiten von:
N. K. Robson, London, „Studien in the Genus Hypericum L."
Kubeczka, Hamburg, „Zusammensetzung des ätherischen Öls von Hypericum balearicum"
Christian Roth, Heidelberg, „Homöopathische Anwendung und Fallbeispiele"

CIP-Titelaufnahme der Deutschen Bibliothek:

Roth, Lutz:
Hypericum, Hypericin : Botanik, Inhaltsstoffe, Wirkung /
Roth. - Landsberg/Lech : ecomed, 1990
 (Arzneipflanzen-Monographien)
 ISBN 3-609-64640-3

Hypericum – Hypericin
Botanik · Inhaltsstoffe · Wirkung
Verfasser: L. Roth
© 1990 ecomed verlagsgesellschaft mbH, Landsberg
Justus-von-Liebig-Straße 1, 8910 Landsberg/Lech
Telefon: (08191) 125-0, Telex: 527114
Alle Rechte, insbesondere das Recht der Vervielfältigung und Verbreitung sowie der Übersetzung, vorbehalten. Kein Teil des Werkes darf in irgendeiner Form (durch Photokopie, Mikrofilm oder ein anderes Verfahren) ohne schriftliche Genehmigung des Verlages reproduziert oder unter Verwendung elektronischer Systeme gespeichert, verarbeitet, vervielfältigt oder verbreitet werden.
Satz: Fotosatz H. Buck, 8300 Kumhausen
Druck: Vereinigte Buchdruckereien A. Sandmaier & Sohn, 7952 Bad Buchau
Printed in Germany: 640640/1190105
ISBN: 3-609-64640-3

Vorwort

In der vorliegenden Monographie einer Arzneipflanzenfamilie habe ich versucht, einen möglichst umfassenden Überblick über die verschiedenen Gebiete und über die Darstellungsmethoden im Wandel der Zeiten zu geben, ohne bei jedem Kapitel ins Detail zu gehen. Da die meisten Untersuchungen über Hypericin bereits in den 50er Jahren durchgeführt wurden, sind die damals gängigen Methoden in diesem Werk beschrieben.

Pflanzeninhaltsstoffe können heute schneller und genauer bestimmt werden. Durch neue Methoden ist es auch möglich geworden, Wirkungen von Arzneipflanzen naturwissenschaftlich zu klären und damit die therapeutische Anwendung zu rechtfertigen. Das war – und ist teilweise auch heute noch – in vielen Fällen nicht möglich, so daß immer noch eine erhebliche Lücke zwischen dem Erfahrungsschatz phytotherapeutisch orientierter Ärzte und den wissenschaftlichen Nachweismethoden für den Wirkmechanismus von Arzneimittelpflanzen besteht. Die Vermutung meines damaligen Lehrers Ulrich Weber, daß Johanniskraut-Arten Stoffe enthalten, die in Zukunft erhebliche Bedeutung in der Pharmazie bekommen werden, konnte deshalb erst in den letzten Jahren bestätigt werden.

Mancher Leser mag einwenden, daß in der vorliegenden Arbeit zu viele verschiedene Wissensgebiete mehr oder weniger ausführlich behandelt werden. Das ist beabsichtigt, um darzustellen, unter welchen Gesichtspunkten heute eine Arzneipflanzenfamilie betrachtet werden kann.

In Arzneipflanzen-Monographien sind im allgemeinen die fünf folgenden Kriterien für die Beurteilung der Arzneipflanzen wichtig.

- Seit wann und wie wird die Pflanze angewendet?
  (Geschichtlicher Überblick)
- Unter welchen Bedingungen und wo wächst sie, wie sieht sie aus, welche Spezies haben ähnliche Eigenschaften?
  (Systematik und Morphologie)
- Welche Inhaltsstoffe enthält sie, und was sind deren Strukturen?
  (Chemische Untersuchung)
- Wie wirken Pflanze und die einzelnen Inhaltsstoffe auf Mensch und Tier?
  (Pharmakologie)
- In welcher Zubereitung kann die Pflanze, ihre Auszüge oder einzelne Inhaltsstoffe für Heilzwecke angewendet werden?
  (Pharmazie und Galenik)

Diese Monographie wendet sich an Botaniker, Pharmazeuten und Ärzte, insbesondere aber auch an solche, die eine Arbeit über eine Heilpflanze schreiben wollen.

Allen, die mir bei dieser Arbeit behilflich waren, sei herzlich gedankt.

Karlsruhe im November 1990
L. Roth

Danksagung

Vielen habe ich zu danken, die mir im Laufe der vergangenen vier Jahrzehnte bei der Zusammenstellung und Erarbeitung der Unterlagen für dieses Buch geholfen haben:

Den Professoren U. Weber und H. Kühlwein sowie meinem Studienkollegen Egon Stahl für die Betreuung und Hinweise in den Jahren 1950–1953. Den Gärtnern Bischof und Weiler für die sorgfältige Aufzucht meiner vielen Hypericum-Arten. Den Herbarien in München, Florenz, Genf und Kew Gardens für die Erlaubnis, dort zu arbeiten, und für die bereitwillig gegebenen Auskünfte. Den Professoren G. Ourisson, Strasbourg, und J. Hoelzl, Marburg, für die übersandte Literatur sowie Professor K.-H. Kubeczka, Hamburg, für Literatur und Untersuchungen. Privatdozent Dr. Grimm, Karlsruhe, für die Genehmigung, alte Literatur ablichten zu dürfen, und die neuerliche Aufzucht des Pilzes Penicilliopsis. Professor H. Brüster und Oberarzt P. Wernet für die Durchführung von pharmakologischen Arbeiten Den Firmen Dr. Gustav Klein, Zell am Harmersbach, und Steiner-Arzneimittel, Berlin, für Auskünfte und Anwendungsliteratur.

Mein besonderer Dank gilt Dr. N. K. Robson, British Museum (Natural History) London, für die zugesandten, von ihm persönlich ergänzten und korrigierten Unterlagen zur neuen Systematik der Gattung Hypericum, K. Kormann für die farbigen Abbildungen, Beschreibungen und Herbarpflanzen, Frau E. Weth für die Schreib- und Übersetzungsarbeiten und Frau U. Schilling für das nicht einfache Lektorat.

L. Roth

Inhalt

	Vorwort	5
	Danksagung	6
	Inhalt	7
1.	Einleitung	9
2.	Geschichtlicher Überblick	11
3.	Botanik	15
3.1	Einführung	15
3.2	Beschreibung verschiedener in- und ausländischer Johanniskraut-Arten	15
	3.2.1 Habitus der Typen A, B, C, D, E, F, G, M, O	16
	3.2.2 Verbreitung und Bestimmung einheimischer Johanniskraut-Arten	28
	3.2.3 Statistische Angaben	43
	3.2.4 Samengrößen von Hypericum-Arten	44
	3.2.5 Stadien der Keimung	44
3.3	Die wirtschaftliche Bedeutung der Johanniskraut-Arten	45
3.4	Methoden zur qualitativen Prüfung von Herbarmaterial auf Hypericin	46
3.5	Alphabetisches Verzeichnis aller auf Hypericin untersuchten Johanniskraut-Arten	48
3.6	Systematik	65
	3.6.1 Systematische Stellung der Gattung Hypericum nach STRASBURGER	65
	3.6.2 Die Johanniskrautarten nach dem System von ENGLER & PRANTL	66
	3.6.3 Neue Systematik der Hypericum-Arten nach ROBSON	78
3.7	Schimmelpilze als Schädlinge auf Hypericum-Arten	85
3.8	Literatur über Hypericum und Hypericin	86
4.	Chemie und Pharmazie der Inhaltsstoffe	88
4.1	Einschlußmittel für wasserhaltige Pflanzenpräparate	88
4.2	Der rote Farbstoff Hypericin	89
	4.2.1 Frühere Arbeiten über Hypericin	89
	4.2.2 Methoden zur Hypericingewinnung nach HASCHAD	90
	4.2.3 Modifizierte Methode von HASCHAD (eigene Methode)	91
	4.2.4 Beschreibung und Anwendung des Doppelkolorimeters	92
	4.2.5 Untersuchungsergebnisse	94
	4.2.6 Die chromatographische Bestimmung von Hypericin	96
	4.2.7 Hypericin und verwandte Verbindungen	97

Inhalt

4.3	Sonstige Inhaltsstoffe von Hypericum-Arten	100
	4.3.1 Flavonoide	100
	4.3.2 Pflanzensäuren	105
	4.3.3 Hyperforin	106
	4.3.4 Gerbstoffe	107
	4.3.5 Blütenfarbstoffe	108
	4.3.6 Anthrachinone/Xanthonderivate	109
4.4	Die etherischen Öle verschiedener Johanniskraut-Arten	110
	4.4.1 Methodik	110
	4.4.2 Normbestimmungen für die etherische Öldestillation	112
	4.4.3 Untersuchungsergebnisse	113
	4.4.4 Bestandteile der etherischen Öle	115
4.5	Fette, Wachse und etherlösliche Bestandteile	121
4.6	Literatur	122
5.	**Medizin**	125
5.1	Indikationen von Johanniskrautzubereitungen in der medizinischen und Volksmedizinischen Literatur	125
5.2	Indikationen von Johanniskrautöl in der Literatur	127
5.3	Monographien-Kommentar	130
5.4	Hypericum in der Homöopathie	132
5.5	Hypericismus	135
5.6	Toxizität und Genotoxizität	138
5.7	Antivirale Wirkung	139
5.8	Literatur	144
6.	**Register**	150

1. Einleitung

Johanniskraut-Arten waren schon den Völkern der Antike bekannt und wurden als Arzneimittel verwendet. Sie führten im Altertum den griechischen Namen ὑπέρικον oder latinisiert *Hypericum*; diesen Namen wählte LINNÉ im 18. Jahrhundert als Gattungsnamen für die Gattung Johanniskraut in der Pflanzenfamilie Hypericaceae, Ordnung Theales, früher Guttiferales [15].

Bei der Untersuchung der Johanniskraut-Arten, die sowohl von den antiken Schriftstellern, als auch von den Kräuterdoktoren des Mittelalters beschrieben und zur medizinischen Verwendung vorgeschlagen wurden, fällt auf, daß es sich ausschließlich um hypericin-haltige Arten handelt. Die Namen, die damals für diese Arten verwendet wurden, werden in der modernen Nomenklatur teilweise auch für Arten ohne Hypericin verwendet. „Alle Geschlecht geben roten blutfarbenen Safft, wann sie zerknietscht werden. Darumb sie vast einerley Wirkung sein werden", schreibt HIERONYMUS BOCK [1] folgerichtig.

Es gibt heute weltweit über 370 Arten [19], wovon 254 vom Autor untersucht wurden; die Untersuchung von weiteren 60 Arten wurde von MATHIS und OURISSON beschrieben [16]. Von den bisher untersuchten 314 Arten enthalten 51,6 % helle und dunkle Sekretbehälter, 46,9 % weisen nur helle Sekretbehälter auf und bei 1,6 % konnte nicht geklärt werden, ob sie dunkle Sekretbehälter besitzen.

Die medizinische Anwendung erstreckte sich im Mittelalter auf eine große Anzahl von Indikationen, wovon einige dem Aberglauben der damaligen Zeit entsprechen. Solche Ratschläge wurden aber auch damals schon in gemäßigter Form in Zweifel gezogen.

Heute gibt es eine Vielzahl von Arzneimitteln auf Hypericum-Basis: Nach einer Aufstellung sind beim Bundesgesundheitsamt gegenwärtig 88 Arzneimittel mit Johanniskraut als Hauptbestandteil oder Kompositionspräparate mit Johanniskraut als Bestandteil registriert. Eine Aufstellung über die heutigen Indikationen, die in der Literatur und bei Präparaten angegeben werden, findet sich auf S. 126 ff.

In allerneuester Zeit wurden aufsehenerregende Entdeckungen bei der Hemmung des Wachstums von Retroviren (HIV-Viren) durch hypericinhaltige Zubereitungen gemacht. Da auch MAO-hemmende Eigenschaften in der Literatur beschrieben sind, von denen noch nicht eindeutig geklärt ist, auf welche Inhaltsstoffe sie zurückzuführen sind, wurden in Kapitel 4 die Inhaltsstoffe der Johanniskraut-Arten, insbesondere die Hypericine bei dieser Monographie mit einbezogen und im Kapitel 5 die medizinischen Verwendungen dargestellt.

In dem vorliegenden Buch hat der Autor in kurzer Form den ihm bekannten heutigen Kenntnisstand über die Johanniskraut-Arten und ihre Inhaltsstoffe zusammengefaßt. Für weitergehende und spezielle Kenntnisse sei auf die jeweils angegebene umfangreiche Literatur hingewiesen.

2. Geschichtlicher Überblick

Die Völker der Antike benutzten Johanniskraut-Arten als Heilmittel. Schon im 2. Jahrh. vor Chr. empfiehlt der Grieche NIKANDROS aus Kolophon (Jonien) in seinem Buch „Theriaka" die „Cheironswurzel" gegen tierische Gifte aller Art. Diese Cheironswurzel ist nach MEYER [18] wahrscheinlich das olympische Johanniskraut Hypericum olympicum L..

Schon zu Beginn unserer Zeitrechnung führen die Johanniskraut-Arten den Namen ὑπέρικον oder latinisiert *Hypericum*; so findet man diesen Namen in einem Kräuterbuch des CELSUS [23, S. 587], der 47 n. Chr. starb; auch in einem Theriak, den ANDROMACHUS, der Leibarzt Kaiser NEROS, verordnete, wird Hypericum als Bestandteil neben anderen Drogen angegeben. Dieser Name *Hypericum* wurde später von LINNÉ [15] als Gattungsname für die Johanniskraut-Arten verwendet.

Der Name Hypericum stammt von den Griechen, die eine oder mehrere Pflanzen so nannten, die sie über ihren Götterfiguren aufhängten, um böse Geister abzuwehren (ὑπέρ = über, εἰκών = Bild). Welche Hypericumspezies hierfür verwendet wurden, ist bisher nicht geklärt. ROBSON [19] ist der Meinung, daß es sich um Hypericum empetrifolium Willd. bzw. um H.triquefolium turra (= H.crispum L.) gehandelt hat.

Die schwierige Identifizierung der bei den alten Schriftstellern beschriebenen Johanniskraut-Arten wurde einmal durch eine Ausgabe von BOCKS Kräuterbuch von 1630 [1] ermöglicht, in dem auch die Pflanzennamen anderer Autoren angegeben sind, vor allem aber durch die seltene Originalausgabe von LINNÉ's „Species plantarum" [15] die freundlicherweise Herr Professor WEBER aus seiner Bibliothek zur Einsicht überließ.

Der griechische Arzt PEDANIOS DIOSKORIDES unterscheidet in seinem Kräuterbuch 77 n. Chr. [6] vier Johanniskraut-Arten: 1. ἄσκυρον , 2. ὑπέρικον , 3. ἀνδρόσαιμον und 4. κόρις . In der deutschen Übersetzung von DANZIUS und UFFENBACH 1610 werden diese mit 1. Sant Johans Kraut, 2. Harthew, 3. Cunrad und 4. Coris wiedergegeben [6]. Nach TSCHIRSCH [23, S. 563] entsprechen diese vier Pflanzen den heutigen Arten 1. H.barbatum oder H.crispum, 2. H.perforatum, 3. H.ciliatum oder H.perfoliatum und 4. H.coris; alle diese Arten sind im Mittelmeergebiet verbreitet. Der Name ὑπέρικον wird von HELLENIUS [23] so erklärt, daß es möglich ist, durch die hellen Sekretbehälter der Blätter (s. S. 17) ein Bild zu sehen ὑπέρ (über), εἰκών (Bild); der Name ἀνδρόσαιμον kommt nach HELLENIUS von ἀνήρ (Mann) und αἷμα (Blut), weil die Pflanze einen blutähnlichen Saft hat, woher auch der deutsche Name Mannsblut stammen mag.

Der Name perforatum tritt im Mittelalter erstmals auf; in der „Alphita", einer salernitanischen Drogenliste des 13. Jahrhunderts, wird „Hypericon" mit den Zusätzen „herba demonisfuga (idem) S.Johannis (id est) *perforata* scopa regia – Reiofricon –" versehen [23, S. 650].

Auch in Deutschland verwendet man Johanniskraut schon früh als Heilmittel. Die gelehrte Äbtissin HILDEGARD VON BINGEN (1098/1180) führt im liber primus ihrer „Physika", einer aus der deutschen Volksüberlieferung geschöpften Heilmittellehre, „Hartenauwe" [23, S. 670] (Hartheu) auf. Im Gothaer Arzneibuch (14. (?) oder 15. Jahrhundert) wird eine Heilpflanze „Sunte Johanniscrud" (Skt.Johanniskraut) [23, S. 681] genannt. Wie diese Namen zustande kommen, läßt sich nicht genau feststellen; wahrscheinlich trifft aber MARZELLS Erklärung zu [11, S. 526], daß das Johanniskraut den Namen „Hartheu" seinen derben Stengeln verdankt, die das Heu uner-

Geschichtlicher Überblick

wünscht „hart" werden lassen, und daß die Pflanze den Namen „St. Johanniskraut" deshalb erhielt, weil sie etwa am Johannistag (24. Juni) zu blühen beginnt. (Ungefähr zu diesem Zeitpunkt hat sie auch, nach Untersuchungen des Autors, den höchsten Wirkstoffgehalt.)

Hartheu, St. Johanniskraut und Kunrath sind in den deutschen Kräuterbüchern des 16. Jahrhunderts die Namen der Hypericum-Arten. In diesen Büchern werden vor allem die bei DIOSKORIDES [6] und GALENOS [23] aufgeführten Johanniskraut-Arten erwähnt, wobei allerdings die oben aufgeführten griechischen Artnamen des DIOSKORIDES [6] auf mitteleuropäische Arten übertragen werden. So wurde im Mittelalter mit ascyron und androsaemon meist Hypericum hirsutum [15], wahrscheinlich auch Hypericum montanum [4] bezeichnet, unter ‚Hypericon' Hypericum perforatum verstanden. Nur FUCHS [9] bezeichnet eine Art als Hypericum und perforata; er schreibt, daß sie braunrote **viereckige** Stengel hat, was auf Hypericum perforatum nicht zutrifft. Vermutlich war mit dieser Art Hypericum tetrapterum oder H. quadrangulum gemeint. Wie aus dem Beispiel von ascyron, androsaemon und hypericon hervorgeht, wurden von den Botanikerärzten des Mittelalters andere Johanniskraut-Arten mit diesen Namen bezeichnet, als sie heute gebräuchlich sind. Die als „koris" bezeichnete Art behielt als einzige seit dem Altertum bis heute den ihr von DIOSKORIDES gegebenen Namen (H. coris L.).

TABERNAEMONTANUS [22] führt in seinem durch CASPAR und HIERONYMUS BAUHINUS, Professoren in Basel, zum 4. Mal „aufs Fleissigste übersehenen und ergänzten Kräuterbuch" 1731 im CXLIII. Capitel, S. 1249, folgende Johanniskraut-Arten auf.

I. Sanct Johanneskraut – *Hypericon*
II. Alexandrinisch Hartheu *Hypericum alexandrinum* (vermutlich Hypericum crispum)
III. Nidrigligend Hartheu – *Hypericum tomentosum*
IV. Hartheu *Ascyrum*
V. Conradskraut *Androsaemum*

Botaniker, die sich mit alten Kräuterbüchern befassen wollen, finden eine gute Anleitung und Übersicht bei HEILMANN, Kräuterbücher [12].

Alle von den antiken und mittelalterlichen Ärzten verwendeten Arten enthalten den roten Farbstoff, der nach heutiger Kenntnis der für die pharmazeutische Anwendung wichtigste Bestandteil der Johanniskraut-Arten ist. LINNÉ gab in seinem Werk „Species plantarum" [15] zwei neu entdeckten Hypericumsträuchern die Namen Hypericum androsaemum und Hypericum ascyron, die den Wirkstoff der früher unter diesem Namen bekannten Johanniskraut-Arten gar nicht enthalten, nur Hypericum perforatum behielt seit dem Mittelalter seinen Namen.

Die Tatsache, daß man im Altertum, im Mittelalter und in der Neuzeit zwei (Hyperikon und Askyron), ja sogar drei (androsaimon) verschiedene Arten, die teils Hypericin enthalten, teils frei davon sind, mit den gleichen Namen bezeichnete, ist vielleicht mit ein Grund für die Ablehnung der alten Heilpflanze in der neueren Zeit.

Vom Mittelalter bis heute hat sich die Zahl der bekannt gewordenen Johanniskraut-Arten ständig vermehrt. Während man im Altertum mit Sicherheit nur vier Arten unterschied [6] kannte man zu Ende des 16. Jahrhundert mindestens acht Arten. Außer den schon bei DIOSKORIDES genannten Johanniskraut-Arten führt BOCK in seinem Kräuterbuch 1571 [1] das „Klein Harthaw" auf, worunter nach LINNÉ Hypericum humifusum zu verstehen ist und das „schöne Hypericon", welches diesen Namen (H. pulchrum) auch heute noch trägt.

Bei TABERNAEMONTANUS [22] findet man eine als „alexandrinisches Hartheu" bezeichnete Art, wobei es sich wahrscheinlich um das im Mittelmeergebiet häufige Hypericum crispum handelt.

Das von TABERNAEMONTANUS deutsch „niedrigliegendes Hartheu", lateinisch aber „Hypericum tomentosum" (behaart (?), aber nur im südlichen Europa und Afrika) be-

Geschichtlicher Überblick

zeichnete Johanniskraut trägt seinen lateinischen Namen auch heute noch, während der damalige deutsche Name inzwischen auf eine andere Art (H.humifusum) übertragen wurde.

LINNÉ beschreibt 1753 in den „Species plantarum" [15] insgesamt 22 Hypericum-Arten (S. 783); in der SPRENGELschen Ausgabe von LINNÉ's „Systema vegetabilia" 1826 werden schon 110 Johanniskraut-Arten aufgezählt [21]. Bei ENGLER und PRANTL, 1. Aufl. 1895 [8], sind 191 Arten beschrieben. Wieviele Hypericum-Arten heute bekannt sind, läßt sich schwer feststellen; in der Literatur [14] wurden insgesamt 605 Johanniskraut-Arten bis 1950 aufgezählt, von denen der Autor 256 auf das Vorkommen von dunklen Sekretbehältern untersucht hat (Tabelle 4, S. 49). MATHIS, OURISSON [16] haben 1963 noch weitere 60 Arten untersucht (Tabelle 6, S. 76).

Die neuesten Untersuchungen von Hypericum-Arten stammen von ROBSON. Sie wurden ab 1957 veröffentlicht [19]. In den Arbeiten von ROBSON sind zahlreiche Johanniskraut-Arten mit neuen Namen belegt worden, es wurden neue Einteilungen der Sektionen und Subsektionen getroffen, so daß das nahezu 100 Jahre alte System von ENGLER und PRANTL [8] heute nicht mehr gültig ist.

Da die Arbeiten von ROBSON jedoch noch nicht völlig abgeschlossen sind, und die des Autors bis in das Jahr 1950 zurückreichen, wurde im vorliegenden Buch das System von ENGLER und PRANTL noch benutzt, jedoch teilweise bei wichtigen Arten Artnamen angegeben, die heute von ROBSON verwendet werden.

In den Kräuterbüchern werden drei Erkennungsmerkmale der Johanniskraut-Arten aufgezählt: Gelbe Blüten, harziger Geruch verschiedener Pflanzenteile und als wichtigste Eigenart, daß die Blüten und Blätter beim Zerreiben zwischen den Fingerspitzen einen blutroten Saft geben. Oft wird auch erwähnt, daß die Blätter, wenn man sie gegen das Licht hält, wie durchstochen aussehen, weshalb auch heute noch die in Mitteleuropa häufigste Johanniskraut-Art Hypericum perforatum heißt, obwohl zahlreiche andere Johanniskraut-Arten ebenfalls „perforiert" aussehende Blätter haben. Es ist nicht verwunderlich, daß eine solche Wunderpflanze, die trotz grüner Farbe blutroten Saft hat und durchstochene Blätter, obwohl sie unverletzt sind, den Menschen des Mittelalters reichlich Stoff zu abergläubischen Vorstellungen bot. Neben allen nur erdenklichen medizinischen Anwendungen, wie sie z.B. bei MATTHIOLUS [17] angegeben sind, sollte das Johanniskraut auch gegen Blitzschlag, Lanzenstiche, bösen Zauber (daher der manchmal gebrauchte Namen „fuga daemonum"*), als Liebesorakel und gegen vielerlei Frauenkrankheiten wirksam sein.

Solche Angaben findet man aber bei vielen Pflanzen zu jener Zeit aufgeführt. Sie entsprangen dem Zeitgeist. Manchmal dienten sie wohl auch den mittelalterlichen Ärzten dazu, eine Pflanze interessanter erscheinen zu lassen. Auch heute wissen die Ärzte, daß bei vielen Patienten und Krankheiten trotz unserer aufgeklärten Zeit mit Placebos eine Heilwirkung erzielt wird. Warum sollten nicht die damaligen Ärzte und Apotheker, wenn sie nicht die ursprünglich vorgesehene Heilpflanze zur Hand hatten, eine andere mit entsprechenden Worten verabreichen und – sofern sie erstaunlicherweise wirkte

---

* Anmerkung: Der Name „fuga daemonum" wurde und wird oftmals dafür aufgeführt, daß Johanniskraut-Arten nur eine eingebildete Heilwirkung haben, denn wie soll ein Kraut Dämonen zur Flucht veranlassen?
Nach neueren Überlegungen ist hierbei aber nicht etwa an irgendwelche Zauberwesen gedacht, sondern an den „Dämon" der Melancholie und der Schwermut, also an die Depression. Und hierfür ist Johanniskraut tatsächlich auch heute noch eines der besten Phytopharmaka.
Durch neuere Forschungen konnte von HOELZL und Mitarbeitern [13] festgestellt werden, daß sich die Inhaltsstoffe der Johanniskraut-Arten auch bei anscheinend nahe verwandten Arten nicht unerheblich unterscheiden, und zwar besonders die Inhaltsstoffe, die für eine pharmakologische Wirksamkeit verantwortlich gemacht werden können.
Vielleicht kann dieses Buch ein Beispiel dafür geben, wie Phytopharmaka unterschätzt werden, insbesondere, wenn Prüfmethoden zur Anwendung gelangen, die nicht den speziellen Erfordernissen der Phytopharmazie angepaßt sind.

Geschichtlicher Überblick

– dieses Wissen in ihren Arzneischatz übernommen haben?

Die Folge dieses Aberglaubens, sowie der mit den neueren Floren nicht übereinstimmenden Bezeichnung der alten heilkräftigen Arten ascyron und androsaemum (s. S. 12), war vielleicht besonders ein Grund dafür, daß die medizinische Verwendung von Hypericum-Zubereitungen vor allem im letzten Jahrhundert abgelehnt wurde. Über hundert Jahre lang war das Johanniskraut nur noch in der Volksmedizin gebräuchlich. Viele Arzneibücher, die damals herausgegeben wurden, erwähnen die Pflanze überhaupt nicht, einige führen das Oleum Hyperici auf. Wie falsch die Pflanze oftmals bewertet wurde, kann man im HAGER von 1925 [10] feststellen, der angibt, daß sich das rote Johanniskrautöl zweckmäßiger und schneller mit Alkannawurzel herstellen läßt, als mit Johanniskrautblüten!

Seltsamerweise wurde in keinem der dem Autor zugänglichen alten Kräuterbücher eine der zahlreichen, in Europa vorkommenden Hypericum-Arten aufgeführt, die keinen roten Farbstoff enthalten und daher nach unserer heutigen Kenntnis für eine medizinische Verwendung wenig geeignet sind. Sowohl im Mittelmeergebiet, als auch bei uns wurden als Heilmittel immer nur die Johanniskraut-Arten beschrieben, die den roten Farbstoff besitzen.

Chemisch wurde das Johanniskraut schon frühzeitig untersucht [7]; im vorigen Jahrhundert konnte man aber außer etwas Gerbstoff keinen Inhaltsstoff isolieren, der eine medizinische Anwendung der alten Heilpflanze gerechtfertigt hätte.

Um die Jahrhundertwende wurde von DIETRICH [5] die chemische und spektroskopische Untersuchung des roten Farbstoffs von Hypericum perforatum beschrieben.

In den letzten Jahrzehnten, als man sich wieder mehr mit Heilpflanzen zu beschäftigen begann, wurde das Johanniskraut häufig untersucht, und es verging kaum ein Jahr, in dem nicht auf chemischem, pharmazeutischem oder medizinischem Gebiet über das Johanniskraut publiziert wurde.

3. Botanik

3.1 Einführung

In neuester Zeit hat der rote Farbstoff Hypericin, der in einer Anzahl von Johanniskraut-Arten vorkommt, erheblich an Bedeutung gewonnen (Seite 138).
Daher wurde es interessant, alle auf der Welt vorkommenden Johanniskraut-Arten zu untersuchen, um möglicherweise als Rohstoff dienen zu können, denn nicht alle Hypericum-Arten enthalten Hypericin. Seit über 200 Jahren verwenden die Botaniker das System nach Linné zur Einteilung der einzelnen Pflanzen in Gattungen, Familien und Arten. Nun haben ENGLER & PRANTL, R. KELLER und N. ROBSON neue Systeme entwickelt bzw. fortgeführt, um Arten mit und ohne Hypericin zu unterscheiden.

3.2 Beschreibung verschiedener in- und ausländischer Johanniskraut-Arten

Bei den nachstehend aufgeführten Typen der Johanniskraut-Arten wurden bewußt verschiedene Darstellungsweisen gewählt. In der botanischen Literatur werden für die Darstellung von Samenpflanzen die nachstehend aufgezählten Wiedergabeverfahren am häufigsten verwendet:

Ältere Wiedergabeverfahren:

- **Der Holzschnitt**, vor allem bis einschließlich Beginn des 18. Jahrhunderts, (Abb. 9 und 10)
- **Der Stahlstich** und **Kupferstich**, oftmals sehr schön handkoloriert, im 17., und 18. und 19. Jahrhundert (Abb. 19 und 20 a)
- **Die Lithographie** im 19. und 20. Jahrhundert (Abb. 13 a)
- **aufgeklebte Pflanzen** (Herbarmaterial), die teilweise in älteren Handschriften zu finden sind (Abb. 5 und 7)

Neuere Wiedergabeverfahren:

- **Die Zeichnung** als fotografische Wiedergabe schwarz-weiß (Klischee) (Abb. 2, 11, 16)
- **Die Schwarz-Weiß-Fotografie** (Abb. 3)
- **Die farbige Wiedergabe von Zeichnungen und Aquarellen** durch Lithographie oder Farb-Offset-Verfahren (Abb. 27)
- **Die Farbfotografie** (Abb. 1, 6, 8, 12 a, 17, 21 – 25)
- **Die Schwarz-Weiß-Wiedergabe von Fotokopien**, z.B. von Herbarmaterial (Abb. 14 und 15)
- **Fotographische Vergrößerungen** von Mikroskopschnitten oder vergrößerten Pflanzenteilen, schwarzweiß oder farbig (Abb. 4 und 18)
- vereinfachte Darstellung des Pflanzenhabitus, ein „**Pflanzenpiktogramm**" (Abb. 12 b, 13 b, 20 b)

Botanik

3.2.1 Habitus der Typen A bis O

Typ A = Hypericum perforatum L.

Dieser Typ wird besonders ausführlich beschrieben, weil H.perforatum die weitaus am besten untersuchte und auch gebräuchlichste Johanniskrautart ist.

1) Oberer Stengelteil mit Blüten
2) Seitentrieb mit Blüte und Knospe
3) Stengel mit Laubblättern
4) 2-jährige Stengel verholzt
5) 1-jähriger Stengel noch nicht verholzt
6) Früchte

Der obere Stengelteil mit Blüten gem. 1) enthält weitaus am meisten Hypericin.

Abb. 1: Hypericum perforatum L. – Grobgeschnittene Droge, natürliche Größe
[Schwarzweiß Fotographie]

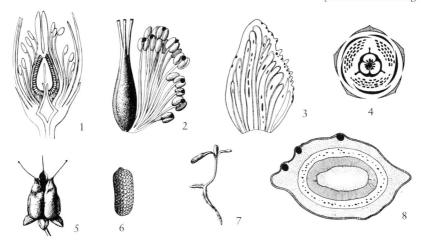

Abb. 2: Hypericum perforatum L., Darstellung der einzelnen Pflanzenteile. (nach HEGI [11])

1. Längsschnitt durch die Blüte
2. Staubblattbündel mit Fruchtknoten (Staubblätter mit dunklen Sekretbehältern)
3. Kronblatt mit dunklen Drüsen am Rande und durchsichtigen Sekretbehältern in der Fläche
4. Blütendiagramm
5. Samenkapsel
6. Samen (siehe auch Tabelle 2, S. 44)
7. Keimpflanze
8. Stengelquerschnitt mit dunklen Sekretbehältern

Botanik

Abb. 3: Helle und dunkle Sekretbehälter an den Laubblättern von Hypericum quandrangulum L.
[Fotographische Vergrößerung 2,5 x]

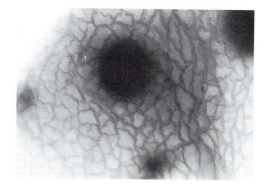

Abb. 4: Dunkle Sekretbehälter in Primärblatt von H. perforatum.
[Fotographische Vergrößerung 120 x]

Abb. 5: Hypericum perforatum L. – Tüpfel-Johanniskraut Jöhlingen 04. 07. 1982
[Farbfotographie]

Botanik

Typ B = Hypericum humifusum L.

Abb. 6: Hypericum humifusum L.
Niederliegendes Johanniskraut,
Herrenalb 10. 07. 1983
[Farbfotographie]

Abb. 7: Hypericum humifusum
[Herbarmaterial aufgeklebt und fotografiert]

Botanik

Typ C = Hypericum coris L.

Abb. 8: Hypericum coris L.
Karlsruhe, Botanischer Garten, 12. 06. 1988
[Farbfotographie]

Corin / Erdkifer / Coris. Cap. 99.

Iß Gewächs Corin oder Erdkifer / heist bey den Griechen Κόρις, das so viel gesagt ist / als Wandläußstaude / dieweil es einen starcken Geruch hat / wie die Wandläuß. Erdkifer wird es genannt / dieweil es sich dem Kiferbaum vergleicht. **Nahmen.**

Dieses Stäudlin wächst spannen hoch / hat Blätlein / Gestalt wie die Heyde / roth / jedoch kleiner und feister / eines liebliche scharpffen Geruchs / trägt Frucht wie die Wachholder / jedoch kleiner / welche mit den Blättern zerknirscht / geben ein Geruch / der sich den Wachholdern in etwas vergleichet. **Gestalt**

Wächst auf den hügeln / Bergen und andern dergleichen dörren Orten.

Krafft und Wirckung.

Die Frucht im Tranck gebraucht / treibet den Harn und Frauenblume. Mit Wein genützt / ist es dem Spinnenbiß / dem Hüfftwehe / und denen / so mit aufgerichtem Hals athmen sehr ersprießlich. Mit Pfeffer werden sie zum schaudern deß Fiebers gebraucht. **Harn. Fraurnzeit Hüfftwehe. Athem,**

Die Wurtzel in Wein gesotten / bringt den schwachen Menschen Krafft / man soll aber den Menschen mit Gedeck wol zudecken / dann sie treibt den Schweiß / und bringt nach dem Schweiß die Krafft und Stärcke wiederum.

Abb. 9: Hypericum coris nach einem Holzschnitt von LONICERUS [15 a]

Botanik

Abb. 10: Darstellung nach DIOSCORIDES [6]
[beide Pflanzenabbildungen Holzschnitt und Druck, Bleisatz per Hand]

Der Holzschnitt von LONICERUS [15 a] zeigt H.coris bereits richtig. Dagegen ist die Darstellung bei DIOSCORIDES in der Übersetzung von UFFENBACH [6] nicht sehr zutreffend und kann zu Verwechslungen führen, z.B. mit H.humifusum.

Typ D = Hypericum androsaemum L.

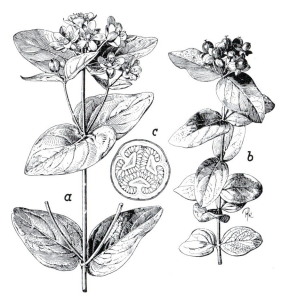

Abb. 11: Hypericum androsaemum L. *a* Blühender Spross. *b* Fruchtender Spross. *c* Querschnitt durch die Frucht. [Fotographische Wiedergabe einer Zeichnung]

Die Abbildung ist als Beispiel für die gute Darstellungsmöglichkeit mittels einer Zeichnung dem Band V, 1 von HEGI [11] entnommen. Um die Vorteile der Zeichnung gegenüber einer farbigen Fotographie zu verdeutlichen, ist die gleiche Art nachstehend mit dieser Technik wiedergegeben.

Abb. 12a: Hypericum androsaemum L. – Karlsruhe Botanischer Garten, 07. 08. 1988
[Farbfotographie]

Botanik

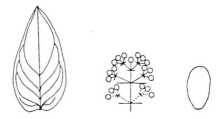

Abb. 12b: Hypericum androsaemum L.
„Pflanzenpiktogram" nach ROBSON [19; Bd. 12, S. 301/302]

Typ E = Hypericum patulum Thbg.

Abb. 13a: Hypericum patulum
[farbige Lithographie aus einem
späteren Jahrgang von CURTIS [3]]

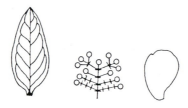

Abb. 13 b: Hypericum patulum Thbg. „Pflanzenpiktogramm" nach ROBSON [19, Bd. 12, S. 265/266]

Botanik

Typ F = Hypericum connatum Lam.

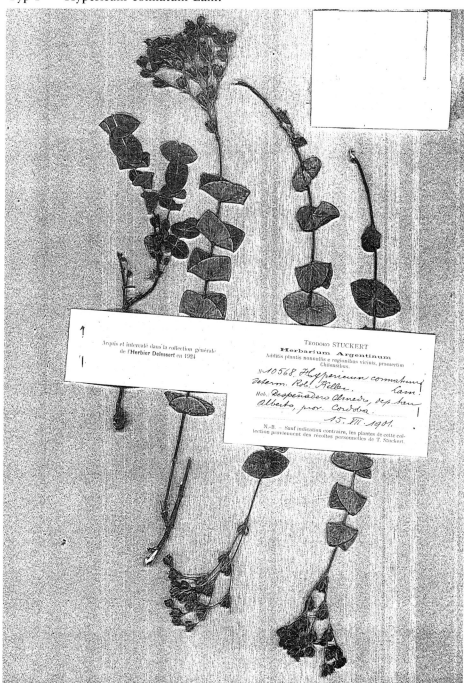

Abb. 14: Hypericum connatum Lam. [Fotokopiertes Herbarexemplar (verkl. 3:1) von Genf]

Typ G = Hypericum sarothra Michx.

Abb. 15: Hypericum sarothra Michx. [2:1 verkl. Herbarexemplar, fotokopiert]

Typ M = Hypericum montanum L.

Abb. 16: Hypericum montanum L.
[Zeichnung klischiert]

Abb. 17: Hypericum montanum L.
[geblitzte Farbfotographie
(Jöhlingen 26. 07. 1980)]

Abb. 18: Drüsenhaare mit roten Sekretbehältern an Kelchblatt von H. montanum L.
[fotograph. Vergrößerung 10:1]

Botanik

Typ O = Hypericum olympicum L.

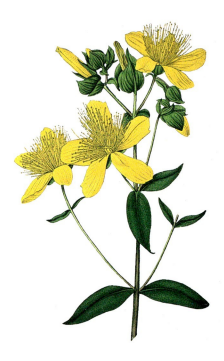

Abb. 19: Hypericum olympicum L. [Stahlstich aus CURTIS [3], handkoloriert]

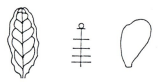

Abb. 20b: Hypericum balearicum L. „Pflanzenpiktorgramm" nach ROBSON [19, Bd. 12, S. 203]

Abb. 20a: Hypericum balearicum L.

3.2.2 Verbreitung und Bestimmung einheimischer Johanniskraut-Arten*)

Hypericum L. – Johanniskraut, Hartheu

F: Millepertuis
E: St. John's wort
I: Erba di S. Giovanni, Iperico

Die Gattung umfaßt über 300 Arten. Vertreten sind Stauden, seltener Halbsträucher, Sträucher oder 1-jährige Kräuter.

In Mitteleuropa gibt es 9 einheimische Arten. (Mehrere ausländische Arten werden als Gartenpflanzen verwendet und sind gelegentlich verwildert anzutreffen.)

Beschreibung: Stengel stielrund, kantig oder geflügelt. Blätter gegenständig, sitzend oder kurz gestielt, oft von Öldrüsen durchscheinend oder von Hypericin schwarz punktiert. Blüten endständig, in Trugdolden oder Rispen, selten einzeln. Kelch- und Blütenblätter 5, Staubblätter zahlreich, frei oder zu 3 oder 5 vor den Blütenblättern zu Bündeln verwachsen.
Fruchtblätter 3 – 5, verwachsen; Fruchtknoten oberständig. Frucht eine 3 – 5-klappige Kapsel.

Tabelle 1: Bestimmungstabelle der wildwachsenden mitteleuropäischen Hypericum-Arten nach SCHMEIL-FITCHEN [20]

1. Stengel aufrecht	3
– Stengel niederliegend	2
2. Stengel stielrund, dicht weißhaarig	H. elodes
– Stengel 2-kantig, kahl	H. humifusum
3. Kelchblätter am Rande drüsig gesägt	6
– Kelchblätter ganzrandig	4
4. Kelchblätter zur Blütezeit doppelt so lang wie der Fruchtknoten, 2-kantig	H. perforatum
– Kelchblätter kürzer, Stengel 4-kantig oder geflügelt	5
5. Stengel deutlich 4-kantig, geflügelt	H. tetrapterum
– Stengel schwach 4-kantig	H. maculatum
6. Stengel und Blätter dicht kurzhaarig	H. hirsutum
– Stengel und Blätter kahl, zuweilen aber drüsig	7
7. Kelchblätter stumpf, eiförmig, fein drüsig gesägt, Blätter 3-eckig, herzförmig	H. pulchrum
– Kelchblätter spitz, mit gestielten Drüsen	8
8. Blüten in wenigblütigen, fast kopfigen Trugdolden	H. montanum
– Blüten in lockeren Rispen	H. elegans

---

*) Die Umgebung von Karlsruhe wurde besonders untersucht; das Vorkommen am mittleren Oberrhein ist jeweils angegeben.

Hypericum elodes Gr. – Sumpf-Johanniskraut

F: Elodès des marais
I: Erba di S. Giovanni delle torbiere

Abb. 21: Hypericum elodes Grufb. – Sumpf-Johanniskraut
Karlsruhe, Botanischer Garten, 24. 07. 1983

Verbreitung: Westeuropa, östlich bis Deutschland; Italien, Nordspanien, Azoren.
In Deutschland im Rhein- und Wesergebiet, vereinzelt an der Elbe.
Fehlt in der Umgebung von Karlsruhe.

Vorkommen: Stellenweise auf feuchten, sandigen oder torfigen Böden, in Heiden, Wiesen, Gräben etc. Von der Ebene bis in die obere Bergstufe.

Beschreibung: Kriechende, ausdauernde, behaarte, 10 – 40 cm lange Pflanze.
Blätter rundlich eiförmig, durchscheinend punktiert.

Blüten zitronengelb; Blütenblätter keilförmig, verkehrt eiförmig; Staubblätter kürzer als die Blütenblätter.
Frucht eiförmig, 3-klappig; Samen eiförmig, längsgefurcht.
Blütezeit: April – August.
Nach neuesten Untersuchungen von ROBSON [19] gehört H.elodes nicht zu den Johanniskraut-Arten, sondern ist einer anderen Gattung zuzuordnen – Triadenum Rafinesque.

Hypericum humifusum L. – Niederliegendes Johanniskraut

F: Millepertuis couché
I: Erba di S. Giovanni prostrata

(siehe Abb. 6 u. 7, S. 18)

Verbreitung: Europa, gemäßigtes Asien bis Japan. In Deutschland zerstreut, stellenweise häufig, von der Ebene bis in die montane Region.
In der Umgebung von Karlsruhe besonders im Kraichgau und im Schwarzwald.

Vorkommen: An feuchten Stellen, besonders in Laubwäldern an lichten Stellen, Waldwegen und Lichtungen.

Beschreibung: 5 – 35 cm lange, einjährige oder ausdauernde, niederliegende Pflanze.
Blätter eiförmig bis lanzettlich, ganzrandig, durchscheinend punktiert, am Rande mit schwarzen Punkten.
Blüten hellgelb, in armblütigen Trugdolden oder einzeln; Blütenblätter 5 – 7 mm lang; Staubblätter kürzer als die Blütenblätter.
Frucht eine eiförmige Kapsel; Samen zylindrisch, warzig, bis 0,6 mm lang, dunkelbraun
Blütezeit: Juni – September.

Botanik

Hypericum perforatum L. – Tüpfel-Johanniskraut

E: Saint John's wort
I: Erba di S. Giovanni comune

(siehe Abb. 1 – 5, S. 16, 17)

Verbreitung: Europa, Westasien, Nordafrika, in den übrigen Erdteilen zum Teil eingeschleppt und auch eingebürgert.
Die formenreiche Art ist in Deutschland verbreitet und häufig von der Ebene bis in die subalpine Region.
In der Umgebung von Karlsruhe allgemein verbreitet und häufig.

Vorkommen: In lichten Wäldern, an Wegrändern, Ufern, Rainen, Wiesen, Äckern etc.

Beschreibung: Ausdauernde, bis 1 m hohe, aufrechte Pflanze.
Stengel stielrund mit 2 Längskanten.
Blätter elliptisch oder länglich, sitzend, kahl, durchscheinend punktiert, am Rande und teilweise auf der Fläche mit schwarzen Drüsen.
Blüten goldgelb, in trugdoldigem Blütenstand; Blütenblätter bis 12 mm lang; Staubblätter kürzer.
Kapsel bis 10 mm lang, mit zylindrischen, feinwarzigen, dunkelbraunen Samen.
Blütezeit: Juni – September.

Hypericum tetrapterum Fries (H. acutum Moench) – Flügel-Johanniskraut

I: Erba di S. Giovanni alata

Verbreitung: Europa, Sibirien, Vorderasien, Nordwestafrika.
In Deutschland verbreitet und stellenweise nicht selten, zerstreut in den höheren Mittelgebirgen.
In der Umgebung von Karlsruhe lokal und bedroht.

Vorkommen: In feuchten Gebieten, an Gräben, quelligen Orten, Flachmooren, Sumpfwiesen, Waldwiesen etc.

Beschreibung: Bis 70 cm hohe, ausdauernde Pflanze mit einem meist geflügeltem Stengel.
Blätter breitelliptisch, sitzend, fein durchscheinend punktiert, mit wenigen schwarzen, sitzenden Drüsen.
Blüten gelb, in dichten, zusammengesetzten Trugdolden; Blütenblätter bis 8 mm lang; Staubblätter ebenso lang.
Frucht eiförmig mit zahlreichen, zylindrischen, dunkelbraunen Samen.
Blütezeit: Juli – September

Abb. 22: Hypericum tetrapterum Fr.
Flügel-Johanniskraut
Jöhlingen 15. 07. 1979

Hypericum maculatum Crantz
(H.quadrangulum L.)
Geflecktes Johanniskraut

I: Erba di S. Giovanni delle Alpi

Verbreitung: Europa, außer dem äußersten Südosten, Westsibirien, von der Ebene bis in die alpine Region.
In Deutschland in mehreren Unterarten verbreitet und stellenweise häufig.
In der Umgebung von Karlsruhe besonders im Albtal, in der Ebene und im Kraichgau selten.

Vorkommen: An feuchten Orten, in Wäldern, Gebüschen, Waldwiesen, Waldlichtungen, Sumpfwiesen etc.

Beschreibung: Ausdauernde, bis 60 cm hohe, kahle Pflanze mit 4-kantigem Stengel.
Blätter breiteiförmig bis elliptisch, sitzend, selten mit schwarzen Drüsenpunkten, meist durchscheinend punktiert.
Blüten goldgelb in meist armblütigen Trauben; Blütenblätter bis 11 mm lang; Staubblätter zahlreich, 1/3 kürzer als die Blütenblätter. Kapsel mit zylindrischen hell bis dunkelbraunen Samen.
Blütezeit: Juni – September.

Abb. 23: Hypericum maculatum Cr.
Geflecktes Johanniskraut
Herrenalb 27. 07. 1980

Hypericum hirsutum L. – Behaartes Johanniskraut

F: Millepertuis hérissé
I: Erba di S. Giovanni irsuta

Verbreitung: Europa, Sibirien, Kaukasus, Armenien, Nordwestafrika.
In Mittel- und Süddeutschland meist häufig, in den aus Urgesteinen bestehenden Mittelgebirgen zerstreut, in Norddeutschland zerstreut bis fehlend.
In der Umgebung von Karlsruhe häufig im Kraichgau.

Vorkommen: In lichten Laubwäldern, Gebüschen, Waldrändern etc., mit Vorliebe auf Kalkböden.

Abb. 24: Hypericum hirsutum L.
Behaartes Johanniskraut
Jöhlingen 07. 08. 1980

Botanik

Beschreibung: 40 cm bis 1 m hohe, ausdauernde Pflanze mit kurzer, dichter Behaarung und stielrundem Stengel.
Blätter länglich-eiförmig, kurz gestielt, durchscheinend punktiert, ohne schwarze Drüsen.
Blüten bleichgelb bis goldgelb in pyramidenförmigem Blütenstand; Blütenblätter bis 11 mm lang, Staubblätter kürzer.
Kapsel eiförmig mit zylindrischen, rauhen Samen.
Blütezeit: Juni – August.

Hypericum pulchrum L. – Schönes Johanniskraut

E: Small upright St. John's wort
I: Erba di S. Giovanni occidentale

Verbreitung: Westeuropa, Nordwestschweiz, Süditalien.
In Deutschland stellenweise häufig im Westen und Südwesten, weniger häufig in den Bergländern die an die Norddeutsche Tiefebene grenzen. Fehlt in den östlichen Teilen.
In der Umgebung von Karlsruhe im Albtal, besonders am Käppele bei Herrenalb.

Vorkommen: Auf kalkarmen Böden, gern auf Sand, in trockenen Nadel- und Laubwäldern und an Waldrändern.

Beschreibung: Ausdauernde, bis 60 cm hohe, kahle Pflanze mit aufrechtem, stielrundem Stengel.
Blätter 3-eckig-herzförmig, sitzend, kreuzweise gegenständig.
Blüten goldgelb, oft rötlich überlaufen, in lockerer, langgestreckter Rispe; Blütenblätter 8 – 9 mm lang; Staubblätter wenig kürzer. Kapsel eiförmig, ca. 6 mm lang, mit eiländlichen, hellbraunen Samen.
Blütezeit: Juli – September.

Abb. 25: Hypericum pulchrum L.
Schönes Johanniskraut
Herrenalb 26. 07. 1980

Hypericum montanum L. – Berg-Johanniskraut

I: Erba di S. Giovanni montana

(siehe Abb. 16 – 18, S. 25).

Verbreitung: Europa, Vorderasien, Kaukasus, Algerien.
In Süd- und Mitteldeutschland verbreitet und stellenweise häufig. In Norddeutschland zerstreut oder spärlich.
In der Umgebung von Karlsruhe besonders im Kraichgau.

Vorkommen: Meist auf humus- und kalkreichen Böden in lichten Wäldern, Waldrändern und Gebüschen.

Beschreibung: Ausdauernde, bis 1 m hohe, kahle Pflanze, mit einfachem, stielrundem Stengel.
Blätter eiförmig oder länglich, halbstengelumfassend, gegenständig.

Blüten blaßgelb, nicht schwarz punktiert*, in endständigen Trugdolden; Blütenblätter bis 10 mm lang, Staubblätter wenig kürzer. Kapsel eiförmig, mit zylindrischen, feinwarzigen Samen.
Blütezeit: Juni – August.

*) Anmerkung: In der Literatur wird immer wieder angegeben, daß H.montanum in den Kronenblättern keine hypericinhaltigen Sekretbehälter aufweisen würde. Das stimmt nicht! Die dunklen Punkte sind nur sehr klein und nicht zahlreich.

Hypericum elegans Steph. – Zierliches Johanniskraut

Verbreitung: Mitteldeutschland (DDR), Tschechoslowakei, Österreich, Ungarn, Südrußland, Sibirien.
In der Bundesrepublik bei Odernheim (Hessen). Ob dort heute noch anzutreffen, ist dem Autor nicht bekannt.

Vorkommen: An trockenen, sonnigen Orten, besonders auf kalkhaltigem Boden, meist vereinzelt auf mageren Wiesen, Weiden, Felsen etc.

Beschreibung: 15 bis 40 cm hohe, ausdauernde, kahle Pflanze. Stengel unten stielrund, oben mit 2 Leisten, aufrecht.
Blätter länglich-lanzettlich, sitzend, durchscheinend punktiert mit vereinzelten schwarzen Drüsenpunkten.
Blüten hellgoldgelb, in lockeren Rispen; Blütenblätter bis 12 mm lang, am Rande schwarze Drüsenpunkte.
Frucht ca. 7 mm lang, mit länglichen, braunen Samen.
Blütezeit: Juni – Juli.

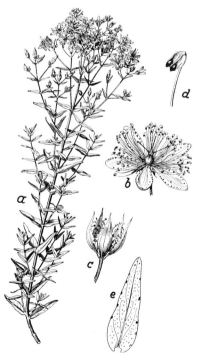

Abb. 26: Hypericum elegans Stephan, *a* Habitus, *b* Blüte, *c* Kelch, *d* Staubblatt, *e* Laubblatt. (nach HEGI [11])

Botanik

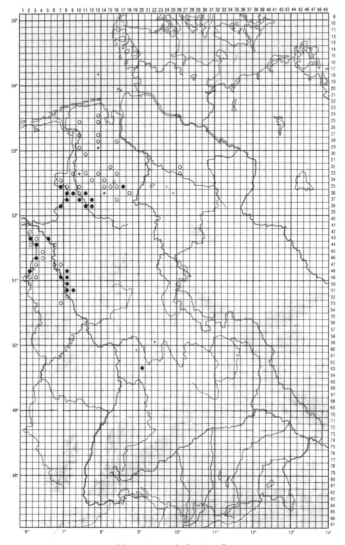

Hypericum elodes Grufb.

Verbreitungskarten

Die Verbreitungskarten der einzelnen Johanniskraut-Arten sind dem Atlas der Farn- und Blütenpflanzen (mit freundlicher Genehmigung HAEUPLER, SCHÖNFELDER, Atlas der Farn- und Blütenpflanzen der Bundesrepublik Deutschland, 2. Aufl. (1989) Verlag Eugen Ulmer) entnommen. Die Autoren dieses Atlas haben in jahrelanger Kleinarbeit das Vorkommen jeder Art registriert und auf farbigen physikalischen Landkarten eingetragen.

Botanik

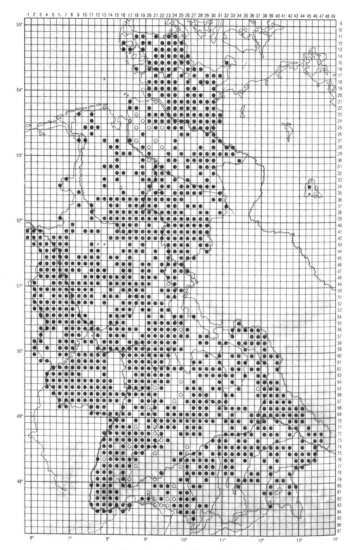

Hypericum humifusum L.

Anmerkung: Die Verbreitung von H.-Arten auf der Erde ist in den Arbeiten von ROBSEN [19] jeweils auf Gebietskarten dargestellt.

Symbole in den Karten:
● ab 1945 ○ vor 1945 einheimisch
• ab 1945 ∘ vor 1945 synanthrop, unbeständig oder kultiviert
+ erloschen

Botanik

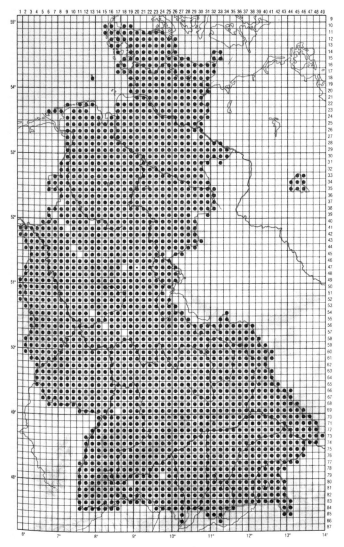

Hypericum perforatum L.

Botanik

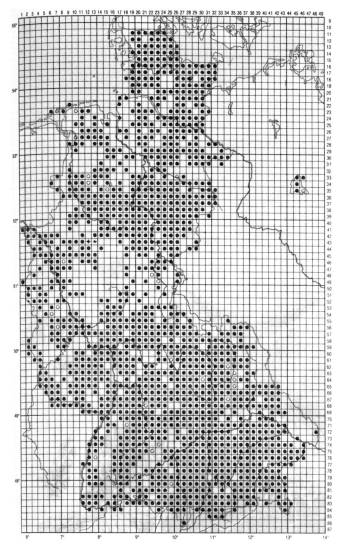

Hypericum tetrapterum Fries.

Botanik

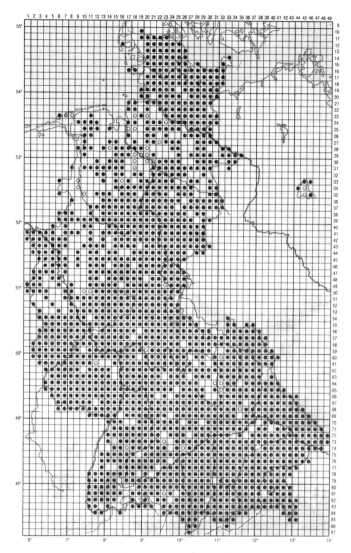

Hypericum maculatum Crantz

Botanik

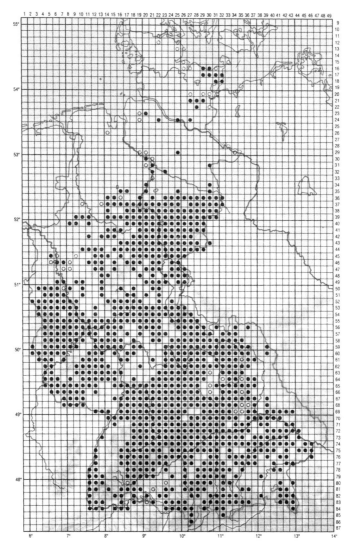

Hypericum hirsutum L.

Botanik

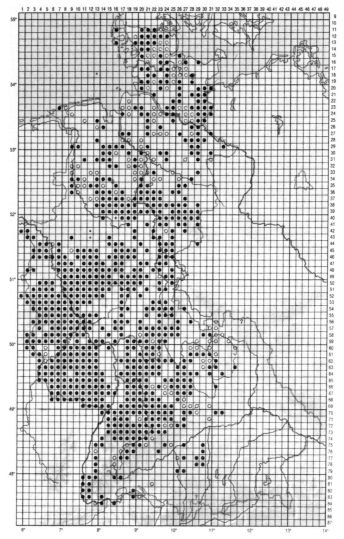

Hypericum pulchrum L.

Botanik

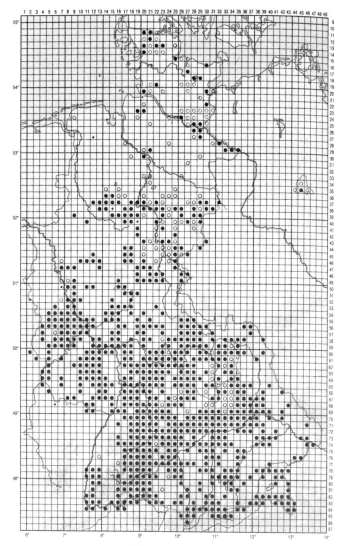

Hypericum montanum L.

Botanik

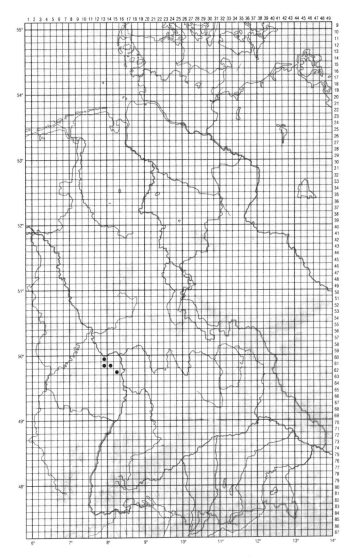

Hypericum elegans Stephan

3.2.3 Statistische Angaben

Hypericum olympicum

Anzahl der Sekretbehälter
Blüte 1: 5,5,6,11,3.
Blüte 2: 9,3,6,4,5.
Blüte 3: 2,3,4,7,2   Durchschnitt: 5

Kelchblätter
Anzahl der Sekretbehälter: 3,3,2,2,4.   Durchschnitt: 3

Die Staubblätter enthalten alle einen Sekretbehälter zwischen den beiden Staubbeuteln. Bei einer Blüte wurden 107 gezählt, bei einer anderen 105.

Die Laubblätter enthielten folgende Anzahl an Sekretbehältern:
4,1,4,8,3,6,4,3,5,6,3,6,1,4.   Durchschnitt: 4

Besonderheiten: Es wurde beobachtet, daß a l l e Blütenblätter von Hypericum olympicum einen kleinen Sporn haben, in dem sich ein roter Sekretbehälter befindet.

Blütenblatt von H.olympicum mit kleinem Sporn

Hypericum perforatum

Anzahl der Sekretbehälter
Blüte 1: 17,20,19,18,14.
Blüte 2: 17,26,18,20,16.   Durchschnitt: 18

Kelchblätter
Blüte 1: 2,4,4,2,3.
Blüte 2: 8,10,6,1,7.

Hier ist ein deutlicher Unterschied zu erkennen; während ein Kelchblatt von Blüte 1 im Durchschnitt 3 Sekretbehälter enthält, weist ein Kelchblatt von Blüte 2 doppelt so viele auf. Die Blüten hatten im Schnitt 70 Staubblätter.

Samen: Bei Hypericum perforatum betrug das Gewicht von 100 voll ausgereiften Samen 11,4 mg, so daß also 1 g Samen ca. 8 700 Stück enthält (siehe auch Tabelle 2).

Botanik

3.2.4 Samengrößen von Hypericum-Arten

Tabelle 2: Samengrößen (Angaben in mm)

Art	größte Länge	geringste Länge	größter ⌀	geringster ⌀
H. androsaemum L.	1,0	0,95	0,52	0,42
H. aureum Bartr.	1,19	0,98	0,48	0,40
H. hirsutum L.	1,15	0,42	0,42	0,35
H. humifusum L.	0,56	0,50	0,35	0,32
H. maculatum Crantz	0,98	0,91	0,38	0,35
H. patulum Thbg.	1,57	1,45	0,68	0,56
H. perforatum L.*)	1,0	0,91	0,44	0,42
H. Przewalskii Maxim.	1,19	1,05	0,42	0,41
H. pulchrum L.	0,74	0,64	0,34	0,28
H. tetrapterum Fr.	0,76	0,63	0,32	0,28

*) siehe auch S. 43

3.2.5 Stadien der Keimung

I. Der Samen ist gequollen, springt auf einer Seite auf, eine halbkugelige Wurzelspitze wird sichtbar.

II. Die Wurzelspitze schiebt sich aus der Samenschale.

III.  Man sieht kreisförmig angeordnete, strahlenförmige Wurzelhaare.

IV.  Die Wurzelhaare werden länger, wellen sich. Die Wurzelkoleoptile schiebt sich über die Zone der Wurzelhaare hinaus und krümmt sich.

V.  Der Keimling hat sich aus der Samenhülle herausgeschoben, seine Länge beträgt jetzt etwa 6 mm. Die Kotyledonen haben sich grün gefärbt, die zukünftige Sproßachse gelbgrün.

Abb. 27: Größe der Samen: 0,9 – 1,2 mm, Durchmesser 0,4 – 0,5 mm
Zeitabstand zwischen I und V etwa 24 Stunden bei Zimmertemperatur.

3.3 Die wirtschaftliche Bedeutung der Johanniskraut-Arten

Die Bedeutung der Johanniskraut-Arten für die Wirtschaft war und ist verhältnismäßig gering. CHAMISSO [2] beschreibt sie treffend wie folgt:

„Man hat sie (die Johanniskrautarten) unverdient als Futterkraut empfohlen; das Vieh frißt sie nicht gern, und sie soll den Pferden schädlich sein. Sie gilt in den Vereinigten Staaten Amerikas für ein sehr verderbliches Unkraut, wo sie sich verbreitet findet, vermutlich aus Europa eingeführt, und man schreibt daselbst dem zufälligen Genusse derselben Blindheit und Krankheiten der Pferde zu. Das Johanniskraut führt einen harzigen, sehr dauerhaften roten Farbstoff; es dürfte als Färberpflanze Aufmerksamkeit verdienen. Mit den Blüten gekocht und sodann in kochendes Seifenwasser etliche Minuten lang getaucht, erhalten Seide eine zitronengelbe, Wolle eine dunkelgelbe Farbe; auf Pflanzenstoffen hält diese Farbe nicht. Die Blüten teilen dem Weingeist eine purpurne, dem Öle eine karmoisinrote Farbe mit, und man benutzt sie, um Liköre zu färben. Das Johanniskraut ist auch den Pflanzen beizuzählen, die zur Gerberei dienen können. Man schreibt ihm in einigen Gegenden die Eigenschaft zu, den Käse vor Insektenlarven zu bewahren. Die Bienen sammeln reichlichen Honig auf seinen Blüten. Man hat an den Wurzeln dieser Pflanze ein Insekt (Schildlaus) beobachtet, *Coccus hypericonis* Pallas, welches als Färbermaterial der polnischen Cochenille gleich kommen soll."

Dieser Beschreibung ist folgendes hinzuzufügen: Der Fett- und Wachsgehalt der Pflanzen ist gering (siehe Tabelle 19); in unseren Breiten haben sie allenfalls als Arzneipflanzen eine gewisse Bedeutung; jedoch ist auch diese so gering, daß sie nicht feldmäßig angebaut werden, obwohl sich die Art Hypericum perforatum nach eigenen Feststellungen gut kultivieren läßt. Für den Gartenbau haben die schönen gelbblühenden Pflanzen eine gewisse Bedeutung erlangt, vor allem die Züchtung Hypericum moserianum ist als Bodendecker mit dunkel-grünem Laub, das nur selten von Schädlingen befallen wird, und großen, leuchtendgelben Blüten beliebt.

Die Sträucher H.patulum, H.androsaemum und H.calycinum sind in Gärten und Parks gelegentlich anzutreffen. Die Hypericum-Arten haben einen angenehmen Geruch, jedoch ist der Gehalt an etherischem Öl zu gering, um Johanniskraut-Arten als Duftstoffpflanzen zu verwenden.

Die mitteleuropäischen und südeuropäischen Hypericum-Arten, insbesondere H.perforatum, sowie die in Tabelle 2 aufgeführten Arten lassen sich gut gartenbautechnisch oder feldmäßig anbauen, was auch von BERGHÖFER (Dissertation 1987) und HÖLZL festgestellt wurde.

Bei der Suche nach der Bedeutung von Hypericum als Färberpflanze fand der Autor in einer türkischen Arbeit die zwei Hypericum-Arten „Koyun Kiran" und „Püren". Die erste Art ist vermutlich Hypericum calycinum; der türkische Autor schreibt

„zur Färbung werden die Blätter genommen, mit Alaun behandelte Wolle ergibt eine senfgelbe Farbe, mit Chrom behandelte Wolle ergibt eine rötlich-braune Farbe. Die Lichtempfindlichkeit ist 4 – 5."

Etwas ausführlicher geht er auf die zweite Art ein, hierbei handelt es sich um Hypericum empetrifolium.

„Zum Färben wird die oberirdische Pflanze verwendet, mit Alaun vorbehandelte Wolle ergibt eine gelbe Farbe. In der Gegend von Milas wird dieser Farbstoff oft verwendet, gelegentlich in der Weise, daß die Wolle, die zuerst gelb gefärbt wurde, nochmals gefärbt wird. Die entstandene grüne Farbe ist eine traditionelle Farbe in den Milas-Teppichen. Die Lichtempfindlichkeit der gelben Farbe liegt im mittleren Bereich."

Nach neuesten Kenntnissen wird die Gelbfärbung der Wolle aber nicht durch den Blütenfarbstoff, sondern durch die in den Blättern und Stengeln enthaltenen Flavonfarbstoffen Hyperosid und Quercetin hervorgerufen.

Botanik

3.4 Methoden zur qualitativen Prüfung von Herbarmaterial auf Hypericin

Eigene Methode

Die Teile der betreffenden Herbarpflanze werden mit Hilfe einer Lupe genau daraufhin betrachtet, ob sie dunkle Punkte oder strichförmige Sekretbehälter aufweisen. Diese Sekretbehälter sind meistens ziemlich klein, aber doch in jedem Falle groß genug, um bei entsprechender Übung sofort mit dem bloßen Auge bei guterhaltenen Pflanzen erkannt zu werden. Bei alten, sehr nachgedunkelten Herbarpflanzen und bei Exemplaren, bei denen infolge des hohen Alters auch die hellen Sekretbehälter eine dunklere Farbe angenommen hatten, wurde die Chloralhydratprobe durchgeführt. Hierzu wird von dem betreffenden Pflanzenteil ein kleines Stück, das solche dunklen Punkte aufweist, mit der Pinzette abgebrochen und auf einen Objektträger in einen Tropfen Chloralhydrat gelegt. Sind die dunklen Punkte Sekretbehälter, die den roten Farbstoff enthalten, so bildet sich nach wenigen Minuten um den dunklen Sekretbehälter eine deutlich erkennbare purpurrote Zone. Man kann den Farbaustritt beschleunigen, wenn sofort nach dem Einlegen in Chloralhydrat mit einer Präpariernadel der Sekretbehälter angestochen wird, es bilden sich purpurrote Schlieren. Auf diese Weise wurden die in den nachfolgenden Tabellen beschriebenen Arten auf das Vorkommen von roten Sekretbehältern untersucht.

Methode von MATHIS und OURISSON

MATHIS und OURISSON [16] geben eine andere Methode an, die nach Meinung des Autors unvorteilhafter ist, der Vollständigkeit wegen aber nachstehend übersetzt wiedergeben wird.

Die Vorgehensweise bei der Untersuchung des Hypericins richtet sich danach, ob die Pflanze frisch oder getrocknet ist. Wir haben zur Bestimmung des Hypericins ausschließlich frische oder kürzlich von uns selbst gepreßte Pflanzen verwendet.

Methoden unspezifischer Lokalisierung des Hypericins

Bei frischen oder vor kurzem getrockneten Pflanzen haben wir unter der binokularen Lupe schwarze Punkte bemerkt, entweder unmittelbar oder nach Eintauchen der Pflanze in kochendes Wasser. Bei Pflanzenproben alter Herbarien heben sich die schwärzlichen Punkte/Öffnungen kaum vom braunen Untergrund ab. In diesem Fall haben wir den Teil der untersuchten Pflanze durch eine Behandlung mit konzentrierter Salpetersäure aufgehellt, wobei die harten Öffnungen des hypericinhaltigen Sekretbehälters nicht angegriffen wurden.

Folgende Technik wurde verwandt: Die betreffenden Pflanzenteile werden auf einen Objektträger gelegt und mit einigen Tropfen konzentrierter Salpetersäure beträufelt. Bei Blütenblättern genügt eine Behandlung bei Zimmertemperatur. Bei Kelchblättern, Blättern oder Stielen erhitzt man die behandelte Pflanze im Wasserbad bis zum Entweichen nitroser Dämpfe. Danach spült man die Pflanzenteile rasch ab und untersucht sie unter der binokularen Lupe. Dabei kann man die dunklen Öffnungen auf dem hellgelben Untergrund gut erkennen.

Es fällt auf, daß das Vorkommen dunkler Sekretbehälter in erstaunlicher Weise schon mit dem alten System übereinstimmt (Tabelle 5). Innerhalb einer Sektion oder Subsektion haben fast immer alle Arten dunkle Sekretbehälter, oder alle Arten enthalten nur helle Sekretbehälter mit ätherischem Öl. Selten findet sich eine Ausnahme. So ist z.B. Hypericum bupleuroides ein Strauch, und alle anderen, in seiner Subsektion vereinigten Arten sind Kräuter. Es unterscheidet sich also schon im Habitus wesentlich von den anderen Arten und enthält auch als einzige Art in seiner Subsektion keine dunklen Sekretbehälter (Nach Ansicht des Autors müßte H. bupleuroides in eine andere Subsektion eingeordnet werden, vielleicht 4.)

Untersuchungen an den Herbarien wurden in den Jahren 1951 (München), 1962 (Florenz), 1954 (Genf) und 1956 (Kew Gardens bei London) durchgeführt.

Tabelle 3: Gesamtbestand an Pflanzen in verschiedenen Herbarien

Ort	Land	Gesamtbestand an Herbarexemplaren
München	D	2 250 000
Florenz	I	3 500 000
Genf	CH	5 000 000
Kew-Gardens	GB	5 000 000
Paris	F	6 500 000
Strasbourg	F	250 000

In der Literatur sind insgesamt über 600 Hypericum-Arten bis heute beschrieben, wobei in mehreren Fällen vom Autor nachgewiesen wurde, daß die gleiche Art zweimal bestimmt und mit verschiedenen Namen belegt wurde. Von ROBSON [19] werden 378 Arten aufgeführt (Tabelle 8).
In den in Tabelle 3 aufgeführten ersten 4 Herbarien waren zu den genannten Zeitpunkten insgesamt 254 verschiedene Hypericum-Arten vorhanden, die auf ihren Gehalt an Hypericin untersucht werden konnten. Teilweise war es durch die späteren Untersuchungen auch möglich, bei einigen Arten den Gehalt in Pflanzenteilen zu klären, der zunächst, bedingt durch schlechterhaltene Exemplare oder nicht vorhandene Pflanzenteile, nur unvollständig wiedergegeben werden konnte.

Botanik

3.5 Alphabetisches Verzeichnis aller auf Hypericin untersuchten Johanniskraut-Arten

Die Aussagen der Tabelle 4 basieren auf Untersuchungen von Herbarmaterial und frischen Pflanzen in Karlsruhe, München und Florenz bis 1952 und Untersuchungen in Genf 1954 und Kew Gardens 1955.

Erläuterungen zu den Spalten in Tabelle 4:

Spalte

1	lfd. Nr.	Laufende Nummer der betreffenden Hypericum-Art (bei einigen sind häufig gebrauchte frühere Namen ebenfalls aufgeführt)
2	Nr. d. Syst.	Nummer des Systems von ENGLER & PRANTL [8], siehe auch Tab. 5
3	Artname und Autor	Hier ist jeweils der Artname der Hypericum-Art aufgeführt, vor dem angegebenen Namen muß Hypericum aufgeführt werden. Beispiel: acerosum M.B.Kth. = Hypericum acerosum M.B.Kth. Artnamen und Autorennamen entstammen dem System von ENGLER & PRANTL
4 – 8	Blüten veg. Teile	In den Spalten 4 – 8 sind die einzelnen Teile der Pflanze, in denen hypericinhaltige dunkle Sekretbehälter vorhanden sein können, aufgeführt (in den Wurzeln wurden niemals solche gefunden und auch in der angegebenen Literatur nicht beschrieben). Es bedeuten: - in dem betreffenden Pflanzenteil wurden keine hypericinhaltigen Sekretbehälter gefunden ? die zur Verfügung stehenden Herbarpflanzen waren so alt oder so dunkel, daß nicht einwandfrei geklärt werden konnte, ob hypericinhaltige Sekretbehälter vorhanden sind ○ es ist nur eine sehr geringe Anzahl hypericinhaltiger Sekretbehälter vorhanden ● es sind hypericinhaltige Sekretbehälter vorhanden ⊙ die hypericinhaltigen Sekretbehälter sind entweder sehr groß oder besonders zahlreich
9	ungef. Typ d. Art	Es wird eine kurze Beschreibung, wie die Art ungefähr aussieht, unter dem betreffenden Buchstaben ab Seite 16 aufgeführt. In der Natur soll dadurch die Zuordnung erleichtert werden.
10	Bemerkungen	Die Literaturstellen (→ S. 86) geben an, wann und von wem die Art auf Hypericin erstmals untersucht wurde. [1] Roth, Dt. Ap. Ztg. 1953 (einger. 1952) [2] Roth, Dissertation 1953 [3] Mathis u. Ourisson 1963 [3a] Hegnauer 1952 [3b] Kariyone 1953 [3c] Brockmann 1957 [3d] Salques 1961 [4] Roth, unveröffentl., Untersuchungen in Genf 1954 und Kew Gardens 1955

Tabelle 4: Alphabetisches Verzeichnis aller auf Hypericin untersuchten Johanniskraut-Arten

Lfd. Nr.	Nr. d. Syst.	Artname und Autor Hypericum	Blüten				veg. Teile		ungef. Typ d. Art	Bemerkungen [Literatur]
			Staubblätter	Kronblätter	Kelchblätter	Laubblätter	Stengel			
1	2	3	4	5	6	7	8	9	10	
1	162	acerosum H.B.Kth.	–	–	–	–	–	C	groß [4]
2	(90)	acutum Moench	●	●	●	●	●	A	(= tetrapterum) [1]
3	61	adenotrichum Spach (Boiss.)	●	◉	◉	●	○	O	behaart [2] [3]
4	143	adpressum Bartr.	–	–	–	–	–	E	[2]
5	I	aegypticum L.	–	–	–	–	–	O	[1]
6	103	aethiopicum L.	●	●	●	●	●	M	[2] [3]
7	85	afrum Lam.	●	●	●	●	–	M	[2]
8		algerianum Wach. et Steud.	–	–	–	–	–	A	[2]
9	147	ambiguum Ell.	–	–	–	–	–	A	schmale Blätter [4]
10	183	anagalloides C. u. S.	–	–	–	–	–	B	[2]
11	30	androsaemum L.	–	–	–	–	–	D	(= Bacciferum Lam.) [1]
12	166	angulosum Michx.	–	–	–	–	–	M	[2] [3]
13	47	apollinis Boiss. et. Heldr.	●	●	◉	●	–	A	[2]
14	XIV, 7	apricum Kar. et. Kir.	–	●	●	–	–	A	[2]
15	82	armenum Jaub. et. Spach	–	◉	◉	?	○	B	[2]
16	27	ascyron L.	–	–	–	–	–	D	[1]
17	73	asperulum Jaub. et. Spach	–	●	●	●	–	A	[2]
18	67	assyricum Boiss.	–	●	●	?	–	C	groß [1]

Botanik

Tabelle 4: *Fortsetzung*

Lfd. Nr.	Nr. d. Syst.	Artname und Autor Hypericum . . .	Blüten				veg. Teile		ungef. Typ d. Art	Bemerkungen [Literatur]
			Staub- blätter	Kron- blätter	Kelch- blätter	Laub- blätter	Stengel			
1	2	3	4	5	6	7	8		9	10
19		athoum Boiss. et. Arph.	?	?	●	●	–		B	[2]
20	109	atomarium Boiss.	●	●	●	●	–		M	[1]
21	87	attenuatum Choisy	●	●	◉	●	●		A	[2]
22	77	Aucheri Jaub. et. Spach	●	●	●	●	?		O	[2]
23		aureum Bartr.	–	–	–	–	–		D	[2]
24	84	australe Tenor	●	●	●	●	–		A	[2]
25	120	aviculariaefolium Jaub. et. Spach	●	●	●	●	●		M	schmal [2]
26	97	baeticum Boiss.	●	●	●	●	●		A	[2]
27	29	balearicum L.	–	–	–	–	–		O	große Ölsekret- behälter [2]
28	137	barbatum Jacq.	●	●	◉	●	–		M	[2]
29	131	bithynicum Boiss.	●	◉	◉	●	○		M	[2]
30	XIV, 8	Boissierianum Petr.	●	●	●	●	–		M	[2]
31	177	bonariense Gr.	–	–	–	–	–		A	[4]
32	XVIII, 4	boreale Bicknell	–	–	–	–	–		B	[2]
33		brasiliense Choisy	–	–	–	–	–		B	[2]
34	164	brathys Lam. Sm.	–	–	–	–	–		C	[2] [3]
35	5	breviflorum Wall.	–	–	–	–	–		E	[2]
36	187	brevistylum Choisy	–	–	–	–	–		B	[2]

Tabelle 4: *Fortsetzung*

Lfd. Nr.	Nr. d. Syst.	Artname und Autor Hypericum . . .	Blüten				veg. Teile			ungef. Typ d. Art	Bemerkungen [Literatur]
			Staubblätter	Kronblätter	Kelchblätter		Laubblätter	Stengel			
1	2	3	4	5	6		7	8		9	10
37	152	Buckleyi Curtis	–	–	–		–	–		O	[2]
38	114	bupleuroides Griseb.	–	–	–		–	–		D	[2]
39	XIV, 8	byzanthinum Aznavour	●	●	●		●	●		O	[2]
40	171	caespitosum Cham. et. Schl.	–	–	–		–	–		C	[2]
41	72	callianthum Boiss.	○	●	●		●	●		E	[4]
42	(148)	calmianum	–	–	–		–	–			(H. Kalmianum)
43	9	calycinum L.	–	–	–		–	–		D	[1]
44	40	cambessedesii Cosson	–	–	–		–	–		E	[2]
45	6	campanulatum Pursh	–	–	–		–	–		E	[2]
46	191	campestre Cham. et. Sch.	–	–	–		–	–		A	[2]
47	184	canadense L.	–	–	–		–	–		M	[2]
48	38	canariense L.	–	–	–		–	–		E	viel Öl [2]
49	115	caprifolium Boiss.	●	●	◉		●	○		A	behaart [2]
50	155	caracasanum Willd.	–	–	–		–	–		O	[2]
51	50	cardiophyllum Boiss.	–	–	–		–	–		A	[4]
52	178	carinatum Lam. (Griseb.?)	–	–	–		–	–		F	Blätter stengelumfassend
53	133	cassium Boiss.	●	●	●		●	?		A	[4]
54	10	cernuum Roxb.	–	–	–		–	–		E	[2] (oblongifolium Choisy)

Botanik

Tabelle 4: *Fortsetzung*

Lfd. Nr.	Nr. d. Syst.	Artname und Autor **Hypericum**	Blüten			veg. Teile			ungef. Typ d. Art	Bemerkungen [Literatur]
			Staub- blätter	Kron- blätter	Kelch- blätter	Laub- blätter	Stengel			
1	2	3	4	5	6	7	8		9	10
55	186	**chilense** Gay	–	–	–	–	–		C	[2]
56	15	**chinense** Lam.	–	–	–	–	–		E	[1] (Monogynum L.) [3]
57	118	**ciliatum** Lam.	●	●	◉	●	–		M	[2]
58	151	**cistifolium** Lam.	–	–	–	–	–		E	[2]
59	117	**coadnatum** Chr. Sm.	–	●	●	●	○		M/D	(= perfoliatum L.?) behaart [2]
60		**collinum**	●	●	●	●	○		A	[2]
61	36	**concinnum** Bth.	–	●	●	●	●		○	[2]
62		**condiforme** St. Hil.	–	–	–	–	–		F	Blätter stengelum- fassend [4]
63	65	**confertum** Choisy	–	●	●	○	○		○	[2]
64		**confusum** Rose	–	–	–	–	–		B	[2]
65	165	**connatum** Lam.	–	–	–	–	–		F	Blätter stengelum- fassend [2], [3]
66	22	**cordifolium** Choisy	–	–	–	–	–		E	klein [2]
67		**condiforme** St. Hil.	–	–	–	–	–		F	[2]
68		**corinatum** Lam.	–	–	–	–	–		F	Blätter stengelum- fassend [4]
69	41	**coris** L.	–	–	●	–	–		C	[1]

Botanik

Tabelle 4: *Fortsetzung*

Lfd. Nr.	Nr. d. Syst.	Artname und Autor Hypericum . . .	Blüten				veg. Teile			ungef. Typ d. Art	Bemerkungen [Literatur]
			Staub- blätter	Kron- blätter	Kelch- blätter	Laub- blätter		Stengel			
1	2	3	4	5	6	7		8	9	10	
70	92	corymbosum M.	◉	◉	◉	◉		◉	A	vermutlich H. reich- ste Art [2] [3]
71	56	crenulatum Boiss.	–	–	●	○		○	B	[2]
72	91	crispum L.	●	–	?	●		●	A	schmale Blätter [2] (= triquefolium Turra)
73	52	Cuisini Barb.	● ●	● ●	● ●	● ●		–	B	behaart [2]
74	XIV, 7	Degenii Bornm.	●	●	●	●		○	M	(sanctum De- genı?) [1] [3]
75	107	delphicum Boiss.	●	●	●	●		○	M	[2]
76	XVI, 1	densiflorum Pursh	–	–	–	–		–	E	[1]
77		dentatum Boiss.	–	–	–	–		–	F	Blätter stengelum- fassend [2]
78	XVIII, 4	denticulatum H.B.K.	–	–	–	–		–	C	groß [2]
79		depilatum Freyn. et Bornm.	● ●	–	● ●	● ●		● ●	O	[2]
80	XIV, 7	desetangsii Lamotte	●	–	●	●		●	A	[2]
81		dichotomum Willd.	–	–	–	●		–	C	[2]
82	XVIII, 4	diffusum Rose	–	–	–	–		–	A	[2]
83	185	diosmoides Griseb.	●	–	●	●		–	C	groß, wenig Hypericin [2]
84	149	dolabriforme Vent.	–	–	–	–		–	C	[2]

53

Botanik

Tabelle 4: *Fortsetzung*

Lfd. Nr.	Nr. d. Syst.	Artname und Autor Hypericum	Blüten				veg. Teile		ungef. Typ d. Art	Bemerkungen [Literatur]
			Staub-blätter	Kron-blätter	Kelch-blätter	Laub-blätter	Stengel			
1	2	3	4	5	6	7	8	9	10	
85	180	Drummondii T. u. G.	–	–	–	–	–	C	groß [2]
86	35	elatum Ait.	–	–	–	–	–	D	[1]
87		electrocarpum Maxim.	?	?	●	●	–	M	groß [2]
88	96	elegans Steph.	●	●	●	●	●	A	(= Kohlianum Sprengl.) [2]
89	104	eledoides Choisy	●	●	●	●	○	A	(= adenophorum Wall.) [2]
90	150	ellipticum Hook.	–	–	–	–	–	A	[2]
91	4	elodes L.	–	–	○	○	–	B	behaart [1]
92	42	empetrifolium Willd.	–	–	●	–	–	C	[2]
93		epigeium Keller	nicht vorhanden			●	–	B	[2]
94	XIV, 7	erectum Thb.	●	●	●	●	○	A	[2]
95	44	ericoides L.	–	–	●	–	–	C	[2]
96	139	fasciculatum Lam.	–	–	–	–	–	C	groß [2]
97	XVIII, 4	fastigiatum H.B.K.	–	–	–	–	–	C	groß [2]
98	39	floribundum Ait.	–	–	–	–	–	E	[2]
99	34	foliosum Ait.	–	–	–	–	–	D	[2]
100	105	formosum Kunth	●	●	●	●	–	A	[2]
101	57	fragile Boiss. et Heldr.	●	●	●	○	–	B	(Heldr. et Sart.) [2]
102	XVI, 1	frondosum Michx.	–	–	–	–	–	E	[2] [3]

Botanik

Tabelle 4: *Fortsetzung*

Lfd. Nr.	Nr. d. Syst.	Artname und Autor Hypericum...	Blüten				veg. Teile		ungef. Typ d. Art	Bemerkungen [Literatur]
			Staub-blätter	Kron-blätter	Kelch-blätter	Laub-blätter		Stengel		
1	2	3	4	5	6	7		8	9	10
103	146	galioides Lam.	–	–	–	–		–	E	[2] [3]
104	28	Gebleri Ldb.	–	–	–	–		–	D	[1]
105		gentianoides (L) BSP	–	–	–	–		–	G	sehr dünn, verzweigt [2]
106		glandulosum Ait.	●	●	●	●		○	A	[2]
107		globuliferum R. Keller	–	–	–	–		–	C	[2]
108		glomerandum Small	–	–	–	–		–	E	[2]
109	VIII	gnidiaefolium Rich.	–	–	–	–		–	E	[4]
110	XVIII, 1	gnidioides Lam.	–	–	–	–		–	C	[2] [3]
111	176	gramineum Forst	–	–	–	–		–	M	klein [2]
112		grandifolium Choisy	–	–	–	–		–	D	(= grandiflorum Choisy Nr. 33?)
113	XIV, 7	graveolens Buckley	–	–	–	–		–	D	[2]
114	181	gymnanthemum Engelm. et Gray	–	–	–	–		–	E	[2]
115		haplophylloides Hal. et Bald.	–	●	●	●		–	O	[2]
116	159	Hartwegii Benth	–	–	–	–		–	E	[4]
117	76	helianthemoides Spach	–	●	●	○		–	A	klein [2]

55

Botanik

Tabelle 4: *Fortsetzung*

Lfd. Nr.	Nr. d. Syst.	Artname und Autor Hypericum . . .	Blüten				veg. Teile		ungef. Typ d. Art	Bemerkungen [Literatur]
			Staub-blätter	Kron-blätter	Kelch-blätter	Laub-blätter	Stengel			
1	2	3	4	5	6	7	8	9	10	
118	(4)	helodes (siehe elodes)	–	–	○	○	–	B	(gelegentlich unter diesem Namen z.B. Hegi)
119	52	heterophyllum Vent.	–	–	–	–	–	C	groß [2]
120	1	heterostylum Parl.	–	–	–	–	–	O	schmal [2]
121	31	hircinum L.	–	–	●	–	–	D	[1]
122	68	hirsutum L.	–	●	●	●	○	A	behaart (= Villosum Crantz) [1]
123	66	hirtellum Spach	–	–	–	–	–	C	groß [2] (Boiss. 3)
124	25	Hookerianum Wight u. A.	–	–	–	–	–	D E	ähnl. H. leschenaultii Choisy [1]
125	48	humifusum L.	–	●	●	●	–	B	[1]
126	71	hyssopifolium Vill.	–	●	●	○	–	A C	[2] [3]
127	32	inodorum Willd.	–	–	–	–	–	D	klein [2]
128	106	intermedium Steudt	●	◉	◉	◉	●	M	viel H. behaart [2]
129	172	Japonicum Thbg.	–	–	–	–	–	B	[2] [3]
130		Jauberti Sp.	–	–	–	–	–	O	[2]
131	142	Kalmianum Lam.	–	–	–	–	–	E	[1] (calmianum)
132		Karsianum Woronow	–	●	●	○	–	C O	[2]

Tabelle 4: *Fortsetzung*

Lfd. Nr.	Nr. d. Syst.	Artname und Autor Hypericum ...	Blüten				veg. Teile			ungef. Typ d. Art	Bemerkungen [Literatur]
			Staubblätter	Kronblätter	Kelchblätter	Laubblätter	Stengel				
1	2	3	4	5	6	7	8			9	10
133	?	Kiboense Oliv.	●	●	●	○	–			A	in den Blättern wenig H. [2]
134	70	Kotschyanum Boiss.	●	–	–	–	–			D	[1] [3]
135	64	laeve Boiss. et Hauskn.	●	◉	◉	◉	●			A	schmal [2]
136	173	Lalandii Choisy	–	–	–	–	–			O	lang [2] [3]
137	11	lanceolatum Lam.	–	●	?	●	○			E	[2] (augustifolium Lam.) (leucoptychodes Steud.)
138	108	lanuginosum Lam.	●	●	●	●	○			M	behaart [2]
139	163	laricifolium Juss.	–	–	–	–	–			C	groß [2]
140	121	leprosum Boiss.	●	●	●	●	●			B	[2]
141	81	leptocladum Boiss.	?	●	◉	●	○			C	groß [2]
142	157	leucoptychodes Steud.	–	–	–	–	–			E	klein [2]
143	86	limosum Griseb.	–	–	?	–	–			C	groß [4]
144		linearifolium Vahl.	●	●	●	–	○			O	[2]
145	XVI, 1	lobocarpum Gattinger	–	–	–	–	–			E	[2]
146		Loheri Merr.	–	–	–	–	–			E	klein [2]
147	160	loxense Benth	–	–	–	–	–			C	[2]

Botanik

Tabelle 4: *Fortsetzung*

Lfd. Nr.	Nr. d. Syst.	Artname und Autor Hypericum	Blüten				veg. Teile			ungef. Typ d. Art	Bemerkungen [Literatur]
			Staub-blätter	Kron-blätter	Kelch-blätter	Laub-blätter	Stengel				
1	2	3	4	5	6	7	8			9	10
148		lydium Boiss.	–	●	●	○	–			C	groß [2]
149	20	lysimachioides Wall.	–	–	–	–	–			E	klein [2]
150		Macgregorii v. Müller	–	–	–	–	–			O	[2]
151	(89)	maculatum Crantz	●	◉	●	●	●			A	[1]
152		majus (canadense) Britt.	–	–	–	–	–			E	[2]
153	2	maritimum Sieb.	–	–	–	–	–			O	[2]
154	153	mexicanum L. fil.	–	–	–	–	–			O E	[2]
155		microsepalum Gray	–	–	–	–	–			C	Blätter etwas breiter [2]
156	XIV, 5	modestum Boiss.	●	●	●	●	○			B	[2]
157	101	montanum L.	● ●	○ ●	● ●	● ●	– ○			M	[1]
158	132	Montbretii Spach	–	●	●	–	–			M	[2]
159	VIII	moserianum*)	–	–	–	–	–			D	*) Bastard v. calycinum u. patulum [2]
160	169	mutilum L.	–	–	–	–	–			A	Blüten sehr klein [2]
161	XVIII, 1	myrianthum Cham. et. Schl.	–	–	–	–	–			C	[2]
162	144	myrtifolium Lam.	–	–	–	–	–			A	viel äth. Öl (2)

Tabelle 4: *Fortsetzung*

Lfd. Nr.	Nr. d. Syst.	Artname und Autor Hypericum . . .	Blüten				veg. Teile		ungef. Typ d. Art	Bemerkungen [Literatur]
			Staub-blätter	Kron-blätter	Kelch-blätter	Laub-blätter	Stengel			
1	2	3	4	5	6	7	8		9	10
163	19	Mysorense Wight	–	–	–	–	–		E	[2]
164	51	nanum Poir.	–	–	–	–	–		D	klein [2]
165	XIV, 7	napaulense Choisy	○	●	●	●	–		A	[2]
166	116	naudinianum Coss.	–	●	●	●	○		A	behaart [2]
167	–	nudicaule Walther	–	–	–	?	–		G	klein, verzweigt [2]
168	145	nudiflorum Michx.	–	–	–	–	–		E	[2]
169	59	nummularia L.	–	●	●	●	○		B	[2] bei [3] nummularium (ps)
170	58	nummularioides Trautv.	–	●	●	? ●	○		B	[2]
171	45	olympicum L.	●	●	●	–	–		O	[1]
172	60	orientale L.	–	–	?	–	–		O	[1] (Jauberti Spach) [3]
173	124	origanifolium Willd.	●	●	●	●	●		O	behaart [2] [3]
174	–	paludosum Choisy	–	–	–	–	–		D	[2]
175	188	paniculatum H. B. K.	–	–	–	–	–		C	lang [2]
176	182	parviflorum St. Hil.	–	–	–	–	–		A	klein [2]
177	17	patulum Thunb.	–	–	–	–	–		E	[1]

Botanik

Tabelle 4: *Fortsetzung*

Lfd. Nr.	Nr. d. Syst.	Artname und Autor Hypericum	Blüten				veg. Teile			ungef. Typ d. Art	Bemerkungen [Literatur]
			Staub- blätter	Kron- blätter	Kelch- blätter	Laub- blätter	Stengel		
1	2	3	4	5	6	7	8	9	10
178		paucifolium H. B. K.	–	–	–	–	–	C	lang [2]
179	37	peplidifolium Hochst.	–	–	–	–	–	B	[2]; nach [3] p. Rich.
180	XIV, 8	perfoliatum L.	●	●	●	●	○	M	mit Hypericin [1] [3]
181	119	perforatum L.	●	●	●	●	●	A	(= officinarum Crantz) [1] [3]
182		perplexum Woron.	–	●	●	○	○	A	klein [2]
183	7	petiolatum Walt.	?	?	–	–	–	M	(= peludosum IK) [4]
184	167	pilosum Michx.	–	–	–	–	–	O	[2]
185	46	polygonifolium Rupr.	–	●	●	○	○	A	klein [1]
186		polyphyllum Boiss.	●	●	●	●	○	O	
187	XVIII, 4	pratense Cham. et Schl.	–	–	–	–	–	C	groß [2]
188	141	prolificum L.	–	–	●	–	–	E	[2] [3]
189	69	pruinatum Boiss.	–	?	⊙	●	–	A	behaart [2] [3]
190	IX	Przewalskii Maxim.	–	–	–	●	–	O	[1]
191	113	pubescens Boiss.	●	–	●	●	○	A	[2]
192	100	pulchrum L.	–	–	●	●	○	A	[1]

60

Botanik

Tabelle 4: *Fortsetzung*

Lfd. Nr.	Nr. d. Syst.	Artname und Autor Hypericum . . .	Blüten				veg. Teile		ungef. Typ d. Art	Bemerkungen [Literatur]
			Staub-blätter	Kron-blätter	Kelch-blätter	Laub-blätter	Stengel			
1	2	3	4	5	6	7	8		9	10
193	IX	pyramidatum Ait.	–	–	–	–	–		D	[2]
194	89	quadrangulum L.	●	●	●	●	●		A	[1] (maculatum Crantz.) [3]
195	13	quartinianum Rich.	–	●	●	●	○		E	[2] (Roeperianum Schimp.)
196		quinquenervinum Walt.	–	–	–	–	–		D	[2]
197	XIV, 7	reflexum L. fil.	–	●	●	●	○		O	[2]
198	74	repens L.	?	●	●	●	○		O	[1]
199	23	reptans Hook. et Thoms	keine Blüten vorhanden			–	–		A	viele Ölsekretbehälter [2] nach [3] kein Hypericin
200	154	resinosum H.B.K.	–	–	–	–	–		E	[2]
201	83	retusum Auch.	?	●	●	●	●		A C	[4]
202	138	Rhodopeum Friv.	–	●	●	●	○		O	[1] auch Fruchtknoten
203	127	Richeri Vill.	●	●	●	●	○		M	mit H. [1] [3]
204	128	Rochelii Griseb. et Schenk	●	●	●	●	○		M	[2]
205	14	Roeperianum Schimp.	–	–	–	–	–		E	[2]
206	140	Rosmarinifolium Lam.	–	–	–	–	–		C	groß [4]
207	XVIII, 1	rufescens Klotzsch	–	–	–	–	–		E	[2]

Botanik

Tabelle 4: *Fortsetzung*

Lfd. Nr.	Nr. d. Syst.	Artname und Autor Hypericum	Blüten				veg. Teile			ungef. Typ d. Art	Bemerkungen [Literatur]
			Staub-blätter	Kron-blätter	Kelch-blätter	Laub-blätter	Stengel			
1	2	3	4	5	6	7	8	9	10
208	129	**rumelicum** Boiss.	●	◉	◉	●	○	O	[2]
209	49	**rupestre** Jaub. et Spach	–	–	–	–	–	D	[2]
210	3	**Russegeri** Fenzl.	–	–	–	–	–	C D	[2]
211		**salicaria** Rehb.	–	–	–	–	–	E	[2]
212	16	**salicifolium** Zucc.	–	–	–	–	–	D	schmale Blätter [2]
213	XIV, 9	**Sampsori** Hanke	?	?	●	●	○	A	groß [2] [3] S. Hance (fps)
214	54	**sanctum** M. (Degen)	●	●	●	●	○	B	behaart [2]
215	170	**Sarothra** Michx.	–	–	–	–	–	G	klein, verzweigt [2] [3]
216	62	**scabrum** L.	–	●	–	–	–	C	groß [2]
217		**Schaffneri** Walt.	–	–	–	–	–	C	groß [2]
218	12	**Schimperi** Hochst.	○	●	●	● ●	○	E	[2]
219	93	**Scouleri** Hook.	●	●	●	–	?	A	[2]
220	55	**serpyllifolium** Lam.	○	●	●	○	–	A	[2]
221	158	**silenoides** Juss.	–	–	–	–	–	O	[2]
222	XIV, 7	**simulans** Rose	●	◉	◉	●	–	A	[2]
223	111	**Sinaicum** Hochst.	–	●	●	●	–	A	[2]
224	95	**spectabile** Jaub. et Spach	○	●	●	○	–	M	klein [2]
225	148	**sphaerocarpum** Michx.	–	–	●	●	–	E	[2]

Tabelle 4: *Fortsetzung*

Lfd. Nr.	Nr. d. Syst.	Artname und Autor Hypericum . . .	Blüten				veg. Teile		ungef. Typ d. Art	Bemerkungen [Literatur]
			Staub- blätter	Kron- blätter	Kelch- blätter	Laub- blätter	Stengel			
1	2	3	4	5	6	7	8		9	10
226		splendens Small	–	–	–	–	–		D	[2]
227	134	Spruneri Boiss.	●	●	●	●	●		O	[2]
228		strictum H.B.K.	–	–	–	–	–		C	[2]
229	156	struthiolaefolium Juss.	–	–	–	–	–		C	groß [2]
230		stylosum Rusby	–	–	–	–	–		E	[2]
231	XVIII, 4	submontanum Rose	–	–	–	–	–		B	groß [2]
232		tamariscinum Cham. et Schl.	–	–	–	–	–		C	groß [2]
233	XIV, 7	tauricum R. Keller	–	●	●	○	○		C	[2]
234	24	tenuicaule Hook et Thoms.	?	–	–	–	–		A	[4]
235		terrae firmae Sprague and Riley	–	–	–	–	–		O	groß [2]
236	90	tetrapterum Fr.	●	●	●	●	●		A	[1] (= acutum Moench) [3]
237	8	thasium Griseb.	●	●	●	●	?		C	[2]
238	179	thesiifolium H.B.K.	–	–	–	–	–		A	[2] (Uliginosum Kunth.)
239	161	thujoides H.B.K.	–	–	●	–	–		C	groß [2]
240	63	thymopsis Boiss.	○	●	●	○	–		C	[2]

Botanik

Tabelle 4: *Fortsetzung*

Lfd. Nr.	Nr. d. Syst.	Artname und Autor Hypericum . . .	Blüten				veg. Teile			ungef. Typ d. Art	Bemerkungen [Literatur]
			Staub-blätter	Kron-blätter	Kelch-blätter	Laub-blätter		Stengel			
1	2	3	4	5	6	7		8		9	10
241	75	thymbraefolium Boiss. et Noë,	?	●	●	●		?		G	[4]
242	112	tomentosum L.	●	●	●	●		○		A	behaart [1] [3]
243	123	trichocaulon Boiss.	●	●	●	●		–		B	[2]
244	18	triflorum Bl.	–	–	–	–		–		E	[2]
245	190	uliginosum H.B.Kth.	–	–	–	–		–		B	[2] enthält Uliginosin A u. B
246	130	umbellatum Kerner	●	●	●	●		–		M	[2]
247	98	undulatum Schousb.	●	●	●	●		○		A	[2] [3]
248		velutinum Boiss.	–	–	●	○		–		C	[2]
249	99	venustum Fenzl	●	●	–	–		–		M	[2]
250		veronese Schrank	●	●	●	●		●		A	[2] var. von perforatum
251		vesiculosum Griseb.	●	●	●	●		○		M	[2]
252	189	virgatum Lam.	–	–	–	–		–		O	[2]
253	IV	virginicum L.	–	–	–	–		–		M	[2] [3]
254		viridiflorum Schweinitz	–	–	–	–		–		D M	[2]
255		Webbii Steud.	–	–	–	–		–			[2]
256		Wightianum Wal.	●	●	●	●		●		B	[2]

3.6 Systematik

Mit der Systematik von Hypericumpflanzen befaßten sich in den letzten dreihundert Jahren: TOURNEFORT (1700); er nahm als erster eine Gattungsbeschreibung von Hypericum vor.

LINNÉ, der in seiner Genera Plantarum (1737) die beiden Arten Hypericum (5 Blütenblätter, zahlreiche Staubfäden) und Askyrum (4 Blütenblätter, zahlreiche Staubfäden) aufführte, und später (1754) Sarothra (5 Blütenblätter, 5 Staubfäden) hinzufügte. Es würde zu weit führen, im einzelnen auf die Arbeiten einzugehen, die in der Folgezeit erstellt wurden von COLDEN (1756), ADAMSON (1763), LINNÉ jr. (1781), A. L. JUSSIEU (1789), CHOISY (1821) – er nahm die erste umfassende Behandlung der gesamten Art mit 7 Sektionen vor –, SPACH (1836), RAFINESQUE-SCHMALTZ (1837), ENDLICHER (1840), BLUME (1856), KELLER (1893, 1925), STEFANOW (1932, 1933), KORSCHKOWA (1949), KIMURA (1951) und schließlich ROBSON, der seit 1957 mehrere Monographien über Hypericum veröffentlicht und noch einige in Vorbereitung hat.

Die neue Einteilung von ROBSON wird die bisherigen Einteilungen korrigieren und verbessern. Sie soll hier erwähnt werden, siehe S. 78 ff.; eigene Untersuchungen des Autors wurden auf dem System von ENGLER und PRANTL [8] aufgebaut. Sie begannen 1950 und wurden im wesentlichen 1955 abgeschlossen. Einige Korrekturen sind nach dem neuen System von ROBSON [19] angebracht; dies ist jeweils vermerkt.

3.6.1 Systematische Stellung der Gattung Hypericum nach STRASBURGER

Nachfolgend wird die Stellung der Gattung Hypericum nach dem natürlichen System der Pflanzen aufgeführt. Zugrundegelegt wurde die Systematik nach STRASBURGER.

A. Reich der Eukaryota (Karybionta)
   Pflanzen mit echtem Zellkern
   (Chromosomen, Nukleolen, Kernhülle)
   |
   VI.   Abteilung Spermatophyta
         (Blüten- oder Samenpflanzen)
         |
         Unterabteilung Angiospermae
         (Bedecktsamer)
         |
         1. Klasse Dicotyledonae
            (Zweikeimblättrige)
            |
            Unterklasse Dilleniidae
            |
            26. Ordnung: Theales (Teepflanzen)
                |
                Familie Guttiferae
                |
                Subfamilie Hypericoideae Engl.
                |
                Gattung Hypericum L.
                ca. 30 Sektionen bzw. Subsektionen mit ca. 380 Spezies

B. Reich der Prokaryota
   (Pflanzen ohne echten Zellkern)

Botanik

3.6.2 Die Johanniskrautarten nach dem System von ENGLER und PRANTL

Nachstehende Tabelle gibt die Verbreitung der Johanniskraut-Arten in den verschiedenen Regionen der Erde nach dem System von ENGLER und PRANTL [8] wieder. Es zeigte sich, daß große Unterschiede zwischen hypericinhaltigen und hypericinfreien Arten bestehen. Der Schwerpunkt der Verbreitung der Johanniskraut-Arten liegt im Mittelmeerraum und im Vorderen und Mittleren Orient. In Südafrika, Südasien und Südostasien sowie in Australien kommen wenige Hypericum-Arten vor. Auffällig ist, daß ENGLER und PRANTL auf dem südamerikanischen Kontinent nur hypericinfreie Arten beschreiben und diese auch in Nord- und Mittelamerika bei weitem überwiegen. Bei neueren Untersuchungen wurden aber auch im nördlichen Teil von Südamerika Arten mit dunklen Sekretbehältern gefunden.

Erläuterungen zur Tabelle 5

Spalte a   laufende Numerierung der in den einzelnen Sektionen und Subsektionen aufgeführten Arten.

Spalte b   Artname und Autor. Dem Artnamen ist immer H. = Hypericum vorangestellt.

Spalte c   Hier sind die Gebiete angegeben, in denen die Art nach ENGLER und PRANTL vorkommt.

Spalte d   Das Vorhandensein dunkler (hypericinhaltiger) Sekretbehälter ist wie folgt vermerkt:

–	=	keine dunklen Sekretbehälter vorhanden
○	=	wenige dunkle Sekretbehälter vorhanden
●	=	dunkle Sekretbehälter vorhanden
⊙	=	auffallend viele oder besonders große Sekretbehälter vorhanden
N	=	Die Art wurde vom Autor in keinem Herbarium gefunden und konnte deshalb nicht untersucht werden
+ u. fps	=	siehe Tabelle 6
[3]) u. [4])	=	Literatur: Mathis u. Ourisson, 1963; Roth, unveröffentlicht; siehe Tabelle 4
?	=	Das Material erlaubte keine einwandfreie Feststellung, ob dunkle Sekretbehälter vorhanden sind.

Tabelle 5: Johanniskraut-Arten nach dem System von ENGLER und PRANTL [5]

Lfd. Nr.	Artname und Autor	Heimat	dunkle Sekretbh. vorhanden
a	b	c	d
	Sektion I Triadenia Spach		
1	H. heterostylum Parl.	Zante, Cephalonia, Marokko, Lampedusa, Malta	–
2	H. maritimum Sieb.	Kreta	–
	Sektion II Adenotrias Jaub. et Spach		
3	H. Russeggeri Fenzl.	Syrien und Mysien	–
	Sektion III Elodes Spach		
4	H. elodes L.	Westeuropa	○
	Sektion IV Elodea Spach		
5	H. breviflorum Wall.	Khasia	–
6	H. campanulatum Pursh	Atlantisches Nordamerika	–
7	H. petiolatum Pursh	Atlantisches Nordamerika	–
	Sektion V Thasium Boiss.		
8	H. thasium Griseb.	Thasos, Lagos, am ägäischen Meer	●
	Sektion VI Eremanthe Spach		
9	H. calycinum L.	gem. Zone Himalaya	–
10	H. cernuum Roxb.	gem. Zone Himalaya	–
	Sektion VII Campylosporus Spach		
11	H. lanceolatum Lam.	Madagaskar, Inseln Bourbon u. Réunion, Shirehochland, Abessinien	●
12	H. Schimperi Hochst.	Abessinien	●
13	H. Quartinianum Rich.	Abessinien	●
14	H. Roeperianum Schimp.	Abessinien	●
	Sektion VIII Norysca Spach		
15	H. chinense Lam.	China, Japan	–
16	H. salicifolium Zucc.	Japan	–
17	H. patulum Thunb.	gem. Zone Himalaya, Japan, Formosa	–
18	H. triflorum Bl.	Java	–

Botanik

Tabelle 5: *Fortsetzung*

Lfd. Nr.	Artname und Autor	Heimat	dunkle Sekretbh. vorhanden
a	b	c	d
	Sektion VIII Norysca Spach		
19	H. mysorense Wight	Ostindien u. Ceylon	–
20	H. lysimachioides Wall.	Himalaya 2 000 – 3 000 m	–
21	H. gnidiaefolium Rich.	Abessinien	NX[3]
22	H. cordifolium Choisy	Central-Himalaya	–
23	H. reptans Hook et Thoms	Himalaya 3 000 – 4 000 m	–
24	H. tenuicaule Hook et Thoms	Himalaya 3 000 – 4 000 m	–
25	H. Hockerianum W. et Arn.	Himalaya 1 000 – 4 000 m	–
26	H. Leschenaultii Choisy	Indien und Java	–[4]
	Sektion IX Roscyna Spach		
27	H. ascyron L.	Sibirien, Mongolei, Japan, Nordamerika	–
28	H. Gebleri Ledeb.	Altai	–
	Sektion X Psorophytum Spach		
29	H. balearicum L.	Balearen, Golf v. Savona	–
	Sektion XI Androsaemum Allioni Subsektion 1 Euandrosaemum R. Keller		
30	H. androsaemum L.	Persien, Kaukasus, Gr. Britannien, Süd- u. Osteuropa, Orient	–
	Subsektion 2 Pseudandrosaemum R. Keller		
31	H. hircinum L.	Spanien, Südfrankreich	–
32	H. inodorum Willd.	Kaukasus	–
33	H. grandiflorum Choisy	Canarische Inseln, Azoren	–[4]
34	H. foliosum Ait.	Canarische Inseln, Azoren	–
35	H. elatum Ait.	Nordamerika	–
36	H. concinnum Bth.	Kalifornien	●
	Sektion XII Humifusoideum R. Keller		
37	H. peplidifolium Hochst.	Abessinien, Usambara	– fps[3]

Tabelle 5: *Fortsetzung*

Lfd. Nr.	Artname und Autor	Heimat	dunkle Sekretbh. vorhanden
a	b	c	d
	Sektion XIII Webbia Spach		
38	H. canariense L.	Canarische Inseln	–
39	H. floribundum Ait.	Canarische Inseln	–
40	H. Cambessedesii Coss.	Balearen	–
	Sektion XIV Euhypericum Boiss. Subsektion 1 Coridium Spach		
41	H. Coris	Europäische Alpen	●
42	H. empetrifolium Willd.	Griechenland u. Kleinasien	●
43	H. galliifolium Rupr.	selten im Kaukasus	N
44	H. ericoides L.	Spanien	●
	Subsektion 2 Olympia Spach		
45	H. olympicum L.	Süd-Osteuropa, Kleinasien	●
46	H. polyphyllum Boiss.	Griechenland	●
47	H. Apollinis Boiss. et Heldr.	Cilicien	●
	Subsektion 3 Oligostema Boiss.		
48	H. humifusum L.	Südafrika, atlantische Inseln Europa	●
	Subsektion 4 Arthrophyllum Jaub. et Spach		
49	H. rupestre Jaub. et Spach	Syrien	–
50	H. cardiophyllum Boiss.	Syrien	–
51	H. nanum Poir.	Libanon, Antilibanon	–
	Subsektion 5 Triadenioidea Jaub. et Spach		
52	H. heterophyllum Vent.	Persien	●
53	H. Cuisini Barbey	Insel Karpathos	●
54	H. sanctum Degen	Macedonien	●
55	H. serpyllifolium Lam.	Syrien	●
56	H. crenulatum Boiss.	Syrien	●
57	H. fragile Heldr. et Sart.	Euböa	●
58	H. nummarioides Trautv.	selten im Kaukasus	●
59	H. nummularia L.	Pyrenäen, Alpen, Savoien, Dauphinèe	●

Botanik

Tabelle 5: *Fortsetzung*

Lfd. Nr.	Artname und Autor	Heimat	dunkle Sekretbh. vorhanden
a	b	c	d
	Subsektion 6 Crossophyllum Spach		
60	H. orientale L.	Kaukasus	?
61	H. adenotrichum Spach	Olymp. Kappadocien	●
	Subsektion 7 Homotaenium R. Keller		
62	H. scabrum L.	Syrien, Persien, Armenien Songarei	●
63	H. thymopsis Boiss.	Kappadocien, Antitaurus	●
64	H. laeve Boiss. et Hausskn.	Syrien, Mesopotamien, Armenien,	●
65	H. confertum Choisy	Cypern, Syrien, Kappadocien	●
66	H. hirtellum Spach	Persien	●
67	H. assyricum Boiss.	Babylonien	●
68	H. hirsutum L.	Europa, Taurien	●
69	H. pruinatum Boiss. et Hall.	Alpenregion v. Lazistan	●
70	H. Kotschyanum Boiss.	Alpenpfl. d. Taurus	●
71	H. hyssopifolium Vill.	Südeuropa, Orient, Sibirien	●
72	H. callianthum Boiss.	Kurdistan	●[4]
73	H. asperulum Jaub. et Spach	Persien – Alpen	●
74	H. repens L.	Orient	●
75	H. thymbraefolium Boiss.	Anatolien	●[4]
76	H. helianthemoides Spach	Syrien, Persien	●
77	H. Aucheri Jaub. et Spach	Kleinasien	●
78	H. Oliveri Spach	Mesopotamien	●[3]
79	H. vermiculare Boiss, et Hausskn.	Mesopotamien	N
80	H. adenocladum Boiss.	Nördl. Syrien	N
81	H. leptocladum Boiss.	Mesopotamien	●
82	H. armenum Jaub. et Spach	Armenien	●
83	H. retusum Auch.	Syrien	●
84	H. australe Ten.	Südeuropa, Nordafrika	●
85	H. afrum Lam.	Nordafrika	●
86	H. linearifolium Vahl.	Frankreich, Spanien	●
87	H. attenuatum Choisy	Sibirien, Mongolei	◉
88	H. Amanum Boiss.	Syrien	●[3]

Tabelle 5: *Fortsetzung*

Lfd. Nr.	Artname und Autor	Heimat	dunkle Sekretbh. vorhanden
a	b	c	d
89	H. quadrangulum L.	Europa	●
90	H. tetrapterum Fr.	Europa, Nordafrika, Orient	●
91	H. crispum L.	Südeuropa, Nordafrika, Orient	●
92	H. corymbosum Michx.	Illinois	◉
93	H. Scouleri Hook.	Kalifornien, Rock Mts.	●
94	H. Pestalozzae Boiss.	Orient	N
95	H. spectabile Jaub. et Spach	Osteuropa, Sibirien, Orient	●
96	H. elegans Steph.	Osteuropa, Sibirien, Orient	◉
97	H. baeticum Boiss.	Spanien	●
98	H. undulatum Schousb.	Spanien, Nordafrika	●
99	H. venustum Fenzl.	Armenien, Syrien	●
100	H. pulchrum L.	Europa	●
101	H. montanum L.	Europa, Orient	●
102	H. tenellum Janka	Thracien	N
103	H. aethiopicum Thunb.	Südafrika	●
104	H. elodeoides Choisy	Himalaya	●
105	H. formosum Kunth	Mexiko	◉
106	H. intermedium Steud.	Abessinien	◉
107	H. delphicum Boiss.	Euböa, Andros	●
108	H. lanuginosum Lam.	Cyprien, Syrien, Palästina	●
109	H. atomarium Boiss.	Griechenland	●
110	H. scabrellum Boiss.	Cilicien	● [3]
111	H. sinaicum Hochst.	Arabien	●
112	H. tomentosum L.	Südeuropa, Nordafrika, Arabien	●
113	H. pubescens Boiss.	Spanien, Nordafrika	●
114	H. bupleuroides Griseb.	Kaukasus	– 3 ps
115	H. caprifolium Boiss.	Spanien	●
116	H. naudinianum Cosson	Nordafrika	●
117	H. coadnatum Sm.	Canarische Inseln	●
Subsektion 8 Heterotaenium R. Keller			
118	H. ciliatum Lam.	Portugal, Spanien, Italien, Istrien, Griechenland, Klein-Asien	◉
119	H. perforatum L.	v. Europa bis i.d. canarischen Archipel u. bis nach Sibirien, Amerika, ferner Osten	●

Botanik

Tabelle 5: *Fortsetzung*

Lfd. Nr.	Artname und Autor	Heimat	dunkle Sekretbh. vorhanden
a	b	c	d
120	H. aviculariaefolium Jaub. et Spach	Anatolien, Lydien	●
121	H. leprosum Boiss.	Cyprien	●
122	H. uniflorum Boiss. et Heldr.	im Schiefergebirge Lycaoniens	N
123	H. trichocaulon Boiss et Heldr.	Kreta	●
124	H. origanifolium Willd.	Anatolien, Kappadocien, Bithynien, Cilicien, Armenien	●
125	H. Gheiwense Boiss.	Anatolien	N
	Subsektion 9 Drosocarpium Spach		
126	H. vesiculosum Griseb.	Thessalien	●
127	H. Richeri Vill.	Südeuropa, Nordspanien bis östl. Taurien	◉
128	H. Rochelii Griseb. et Schenk	Südosteuropa	●
129	H. rumelicum Boiss.	Rumelien, Macedonien	●
130	H. umbellatum Kern.	Transsylvanien	●
131	H. bithynicum Boiss.	Bithynien	●
132	H. Montbretii Spach	Bithynien, europäische Türkei, Kaukasus	●
133	H. cassium Boiss.	Syrien	●
134	H. Spruneri Boiss.	Thessalien	●
135	H. Grisebachii Boiss.	Macedonien	N
136	H. Nordmanni Boiss.	Transkaukasus	N
137	H. barbatum Jacq.	Südosteuropa	◉
	Sektion XV Campylopus Spach		
138	H. rhodopeum Friv.	Südosteuropa	●
	Sektion XVI Myriandra Spach *Subsektion 1 Centrosperma R. Keller*		
139	H. fasciculatum Lam.	Florida, Georgien, Südkarolina	–
140	H. rosmarinifolium Lam.	Tennessee	–
141	H. prolificum L.	Nordamerika	–
142	H. kalmianum Lam.	Niagara und Seen	–

Tabelle 5: *Fortsetzung*

Lfd. Nr.	Artname und Autor	Heimat	dunkle Sekretbh. vorhanden
a	b	c	d
	Subsektion 2 Suturosperma R. Keller		
143	H. adpressum Bastr.	Alabama, Tennessee	–
144	H. myrtifolium Lam.	Sumpfpflanze in Florida	–
145	H. nudiflorum Michx.	Florida, Alabama	–
146	H. galioides Lam.	Florida	–
147	H. ambiguum Ell.	Georgia, Florida	–
	Sektion XVII Brathydium Spach Subsektion 1 Eubrathydium R. Keller		
148	H. sphaerocarpum Michx.	Nordamerika	–
149	H. dolabriforme Vent.	Nordamerika	–
150	H. ellipticum Hock.	Illinois	–
151	H. cistifolium Lam.	Florida	–
	Subsektion 2 Pseudobrathydium R. Keller		
152	H. Buckleyi Curt.	Georgia, Carolina	–
	Sektion XVIII Brathys Spach Subsektion 1 Eubrathys R. Keller		
153	H. mexicanum L. fil.	Mexiko	–
154	H. resinosum H.B.Kth.	Neugranada	–
155	H. caracasanum Willd.	Venezuela	–
156	H. struthiolaefolium Juss.	Peru, Ecuador, Neugranada	–
157	H. limosum Griseb.	Cuba	–
158	H. silenoides Juss.	Alpine u. subalpine Regionen i. Venezuela	–
159	H. Hartwegii Bth.	Alpine u. subalpine Regionen i. Venezuela	–
160	H. loxense Bth.	Loxa	–
161	H. thujoides H.B.Kth.	Alp. u. subalp. Regionen v. Venezuela u. Neugranada	–
162	H. acerosum H.B.Kth.	Alp. u. subalp. Regionen v. Venezuela u. Neugranada	– [4)
163	H. laricifolium Juss.	Alp. u. subalp. Regionen v. Venezuela u. Neugranada	–
164	H. Brathys Sm.	Venezuela	–

Tabelle 5: *Fortsetzung*

Lfd. Nr.	Artname und Autor	Heimat	dunkle Sekretbh. vorhanden
a	b	c	d
	Subsektion 2 Connatum R. Keller		
165	H. connatum Lam.	Brasil. Gebirge, Argentinien	–
	Subsektion 3 Multistamineum R. Keller		
166	H. angulosum Michx.	Nordamerika	–
167	H. pilosum Michx.	Nordamerika	–
	Subsektion 4 Spachium R. Keller		
168	H. setosum L.	Nordamerika	N
169	H. mutilum L.	Nordamerika	–
170	H. Sarothra Michx.	südl. Nordamerika, Toscana	–
171	H. caespitosum Cham et Schl.	Anden, Ecuador, Bolivien, Chile	–
172	H. japonicum Thbg.	China, Japan, Java, Neuseeland, Australien	–
173	H. Lalandii Choisy	Südafrika, Westafrika	–
174	H. foetidum Hock.	Himalaya	N
175	H. Billardieri Spach	Neuholland	N
176	H. gramineum Forst.	Australien (Alpen)	–
177	H. bonariense Gr.	Argentinien	–[4]
178	H. car inatum Gr.	Argentinien	–
179	H. thesiifolium H.B.Kth.	Neugranada	–
180	H. Drummondii Torr. et Gray	mittleres u. südl. Nordamerika	–
181	H. gymnanthemum Engelm. et Gray	Texas	–
182	H. parviflorum St. Hil.	Uruguay	–
183	H. anagalloides Cham. et Schl.	Oregon, Kalifornien	–
184	H. canadense L.	Kanada	–
185	H. diosmoides Grieb.	Cuba	–
186	H. chilense Gay	Chile	–
187	H. brevistylum Choisy	Peru	–
188	H. paniculatum H.B.Kth.	Venezuela, Peru	–
189	H. virgatum Lam.	Nordamerika	–
190	H. uliginosum H.B.Kth.	Centralamerika	–
191	H. campestre Cham. et Schl.	Brasilien, Paraguay	–

Nachfolgende Tabelle enthält diejenigen Hypericum-Arten, die von MATHIS und OURISSON 1963 veröffentlicht wurden [16] und in den vorangegangenen Veröffentlichungen nicht aufgeführt sind.

Erläuterungen zur Tabelle 6

Spalte 1 – Laufende Nummer

Spalte 2 – Sektion = römische Ziffer
Subsektion = arabische Nummer des Systems von ENGLER und PRANTL [8]

Spalte 3 – Name und Autor der Hypericum-Art

Spalte 4 – Vorkommen (hierbei wurden die im französischen genannten Ortsbezeichnungen ins Deutsche übersetzt)

Spalte 5 – Vorhandensein von Hypericin; die Organe der Pflanze sind französisch abgekürzt, entsprechend der Originalarbeit

    f = feuille = Blatt
    p = pétale = Blütenblatt
    s = sépale = Kelchblatt
    t = tige = Stengel
    – = Hypericin nicht vorhanden
    + = Einige Autoren haben nur den Gehalt von Hypericin angegeben, ohne die Pflanzenorgane zu nennen.
       Die in der Arbeit von MATHIS und OURISSON berücksichtigten früheren Arbeiten sind mit [3 a] bis [3 d] wiedergegeben, siehe auch S. 48

Anmerkung: MATHIS und OURISSON führen in ihrer Arbeit viele Hypericum-Arten auf, die bei ENGLER & PRANTL nicht erwähnt sind. Diese Arten wurden von den Autoren aber den jeweiligen Sektionen und Subsektion des ENGLER & PRANTL'schen Systems zugeordnet.

Botanik

Tabelle 6: Ergänzungen zum alphabetischen Verzeichnis in Tabelle 4

lfd. Nr.	System Sekt., Subsekt.	Name, Autor der Hypericumart	Vorkommen	Hypericin vorhanden
1	I	baumii Engl. et Gilg.	trop. Afrika	+ [3d]
2	VI	aitchisonii Drumm.	Zentralasien	– [3]
3	VIII	formosanum Maxim.	Formosa	– [3]
4		patulum Henryi	Gartenpflanze	– [3,3c]
5	XIV, 1	Roberti Cosson	Algerien	ps [3]
6	XIV, 5	scopulorum Balf.	Socotra	ps [3]
7		cuneatum Poir.	Kleinasien	fps [3]
8	XIV, 7	sintenisii Freyn.	Armenien	ps [3]
9		neurocalycinum Boiss.	Kleinasien	ps [3]
10		tomentellum Freyn.	Armenien	ps [3]
11		Leichtlini Stapf	Iran	ps [3]
12		tenellum Janka	Südeuropa	fps [3]
13		Olivieri Spach	Mesopotamien	(f?) ps [3]
14		amanum Boiss.	Syrien	f? ps [3]
15		corsicum Steud	Korsika	fps [3]
16		morarense Keller	Japan	fps [3]
17		kamtschaticum Ledeb.	Kamtschatka	fps [3, 3b]
18		monanthemum Hook	Himalaya	fps [3]
19		elodeoides Choisy	Himalaya	fps [3]
20		hakonense Fr. et Sav.	Japan	fps [3, 3b]
21		arabicum Steud.	Arabien	fps [3]
22		scabrellum Boiss.	Kleinasien	fps [3]
23		lusitanicum Poir.	Portugal	fps [3]
24		seniawini Maxim.	China	fps [3]
25		yezoense Maxim.	Japan	+ [3b]
26		oliganthum Fr. et Sav.	Japan	fps [3, 3b]
27	XIV, 8	aviculariaefolium Jaub. et Spach	Kleinasien	fpst [3]
28		brachycalycinum Bornm.	Kleinasien	fpst [3]
29	XIV, 9	vesiculosum Griseb.	Griechenland	fps [3]
30		balcanicum Velen.	Südeuropa	fps [3]

Tabelle 6: *Fortsetzung*

lfd. Nr.	System Sekt., Subsekt.	Name, Autor der Hypericumart	Vorkommen	Hypericin vorhanden
31	XVIII, 1	quitense Keller	südl. Nordamerika	– [3]
32		jussiaei Planch.	südl. Nordamerika	– [3]
33		rigidum St. Hil.	südl. Nordamerika	– [3]
34		chamaemyrtus Triana	südl. Nordamerika	– [3]
35		pelleterianum St. Hil.	südl. Nordamerika	– [3]
36	XVIII, 4	setosum L.	nördl. Nordamerika	– [3]
37		arenarioides Rich.	nördl. Nordamerika	– [3]
38		tenuifolium St. Hil.	Brasilien	– [3]
39		linoides St. Hil.	Brasilien	– [3]
40		laxiusculum St. Hil.	Brasilien	– [3]
Arten, deren Zuordnung Mathis u. Ourisson unklar war*)				
41	(XVIII, 7)	afropalustre Lebrun	Zaire	– [3]
42	(XIV, 7)	annulatum Moris	Sardinien	fps [3]
43	(XIV, 7)	asahinae Makino	Japan	+ [3b]
44	(XIV, 7)	fujisanense Makino	Japan	+ [3b]
45	(XIV, 7)	gracillinum Koidz.	Japan	+ [3b]
46	(XIV, 7)	hachijoense Nakai	Japan	+ [3b]
47	(XIV, 7)	kanae Koidz.	Japan	+ [3b]
48	(XIV, 7)	kinashianum Koidz.	Japan	+ [3b]
49	(VIII)	nervosum Choisy	Java	– [3b]
50	(XIV, 7)	nikkoense Makino	Japan	+ [3b]
51	(XIV, 7)	ovalifolium Koidz.	Japan	+ [3b]
52	(XIV, 7)	penthorodes Koidz.	Japan	+ [3b]
53	(XIV, 7)	randaiense Hayata	Formosa	+ [3b]
54	(XIV, 7)	samaniense Miyabe	Japan	+ [3b]
55	(XIV, 7)	senanense Maxim.	Japan	+ [3b]
56	(XIV, 7)	shikokumontanum Makino	Japan	+ [3b]
57	(XIV, 7)	takeutianum	Japan	+ [3b]
58	(XIV, 7)	umbrosum Kimura	Japan	+ [3b]
59	(XIV, 7)	vulcanicum Koidz.	Japan	+ [3b]
60	(XIV, 7)	yunnanense Franch.	China	fps [3]

*) In den Arbeiten von Robson [19] sind viele dieser Arten beschrieben und dem System zugeteilt, siehe Ziffern in Klammern.

3.6.3 Neue Systematik der Hypericum-Arten nach ROBSON

ROBSON hat 1977 [19] eine Neueinteilung der Gattung in 30 Sektionen mit insgesamt 378 Spezies vorgenommen (siehe Tab. 8). In seinen umfangreichen und sorgfältigen Arbeiten wurde nachgewiesen, daß eine Anzahl von Spezies von verschiedenen Autoren bestimmt und mit verschiedenen Namen, die auch in die Literatur Eingang fanden, belegt wurden, obwohl es sich um die gleiche Spezies handelte.

Von der bisherigen Systematik wurde vom Autor eine Kurzfassung erarbeitet und von ROBSON korrigiert, die in dieser Form erstmalig hier veröffentlicht wird (siehe Tab. 7).

Tabelle 7: Die Systeme nach ENGLER & PRANTL und ROBSON im Vergleich

System nach ENGLER und PRANTL (1925)	Spezies	System nach ROBSON (1977)
Sektion I Triadenia Spach	2	Sect. 25 *Adenotrias* (Jaub. & Spach) R. Keller (part)
Sektion II Adenotrias Jaub. et Spach	1	Sect. 25 *Adenotrias* (Jaub. & Spach) R. Keller
Sektion III Elodes Spach	1	Sect. 28 *Elodes* (Adanson) W. Koch
Sektion IV Elodea Spach	3	*Triadenum* Rafinesque (not a section of Hypericum, separate genus)
Sektion V Thasium Boiss.	1	Sect. 15 *Thasia* Boiss. (excl. *H. haplophylloides* to Sect. 18)
Sektion VI Eremanthe Spach	2	Included in Sect. 3 *Ascyreia* Choisy
Sektion VII Campylosporus Spach	4	Sect. 1 *Campylosporus* (Spach) R. Keller
Sektion VIII Norysca Spach	12	Sect. 3 *Ascyreia* Choisy (excl. *H. gnidiifolium* A. Rich. to Sect. 1, and *H. formosanum* Maxim. to Sect. 4) Sect. 4 *Takasagoya* (Y. Kimura) N. Robson (includes *H. formosanum* and 3 other species (not in Keller's lists)
Sektion IX Roscyna Sprach	2	Sect. 7 *Roscyna* (Spach) Keller

Tabelle 7: *Fortsetzung*

System nach ENGLER und PRANTL (1925)	Spezies	System nach ROBSON (1977)
Sektion X Psorophytum Spach	1	Sect. 2 *Psorophytum* (Spach) Nyman
Sektion XI Androsaemum Allioni		Sect. 5 *Androsaemum* (Duhamel) Godron Sect. 6 *Inodora* Stef.
Subsektion 1 Euandrosaemum R. Keller	1	not recognized
Subsektion 2 Pseudoandrosaemum R. Keller	6	not recognized (excluding *H. concinnum* Benth. to Sect. 9 *H. inodorum* to Sect. 6) („*H. grandiflorum*" R. K. should be *H. grandifolium* Choisy)
Sektion XII Humifusoideum R. Keller	1	Sect. 26 *Humifusoideum* R. Keller (part)
Sektion XIII Webbia Spach	3	Sect. 21 *Webbia* (Spach) R. Keller (excluding *H. cambessedesii* Coss. to Sect. 5)
Sektion XIV Euhypericum Boiss.		Sect. 9 *Hypericum* (contents much altered from Keller's section)
Subsektion 1 Coridium Spach	3	Sect. 19 *Coridium* (Spach)
Subsektion 2 Olympia Spach	3	Sect. 10 *Olympia* (Spach) Nyman (excluding *H. apollinis* Boiss. & Heldr. to Sect. 13, and *H. jankae* Nyman to Sect. 14)
Subsjektion 3 Oligostema Boiss.	1	Sect. 14 *Oligostema* (Boiss.) Stef. (part)
Subsektion 4 Arthrophyllum Jaub. et Spach	3	Sect. 22 *Arthrophyllum* Jaub. & Spach (excl. *H. pumilio* Bornm. to Sect. 18)

Tabelle 7: *Fortsetzung*

System nach ENGLER und PRANTL (1925)	Spezies	System nach ROBSON (1977)
Subsektion 5 Triadenioidea Jaub. et Spach	8	Sect. 23 *Triadenioidea* Jaub. & Spach (as for *H. cuneatum* Poiret = *H. pallens* Banks & Solander and *H. scopulorum* Balf. f.) all other species cited by Keller go to other sections: *H. heterophyllum* Vent. to Sect. 24 *Heterophylla* N. Robson; *H. cuisinii* Barbey, *H. sanctum* Degen (= *H. athoum* Boiss. & Orph.) to Sect. 27; *H. serpyllifolium* Lam. (= *H. thymifolium* Banks & Solander), *H. crenulatum* Poiret, *H. fragile* Heldr. & Sart., *H. nummularioides* Trautv., *H. nummularium* L. – all to Sect. 18; *H. modestum* Boiss. to Sect. 14
Subsektion 6 Crossophyllum Spach	2	Sect. 16 *Crossophyllum* Spach
Subsektion 7 *Homotaenium R. Keller*	56	*Divided among:* Sect. 9 *Hypericum* Sect. 8 *Bupleuroides* Stef. Sect. 14 *Oligostema* (Boiss.) Stef. Sect. 17 *Hirtella* Stef. Sect. 18 *Taeniocarpium* Jaub. & Spach Sect. 26 *Humifusoideum* R. Keller Sect. 27 *Adenosepalum* Spach
Subsektion 8 Heterotaenium R. Keller	8	Sect. 9 *Hypericum* (part) (*H. perforatum*) L. Sect. 12 *Origanifolia* Stef. Sect. 13 *Drosocarpium* Spach (part) (*H. ciliatum* Lam. = *H. perfoliatum* L.; *H. trichocaulon* Boiss. & Heldr.
Subsektion 9 Drosocarpium Spach	12	Sect. 13 *Drosocarpium* Spach + *H. perfoliatum* L. *H. trichocaulon* (from „Subsect. Heterotaenium")
Sektion XV Campylopus Spach	1	Sect. 11 *Campylopus* (Spach) Boiss.

Tabelle 7: *Fortsetzung*

System nach ENGLER und PRANTL (1925)	Spezies	System nach ROBSON (1977)
Sektion XVI Myriandra Spach		Sect. 20 *Myriandra* (Spach) R. Keller (part) (incl. *Ascyrum* L.)
Subsektion 1 Centrosperma R. Keller	4	Subsect. 1 *Centrosperma* R. Keller (part)
Subsektion 2 Suturosperma R. Keller	5	Subsect. 2 *Suturosperma* R. Keller (*H. splendens* Small, *H. spathulatum* R. Keller, *H. galioides* Lam., *H. ambiguum* Ell. – all to Subsect. 1)
Sektion XVII Brathydium Spach		Sect. 20 *Myriandra* (Spach) R. Keller (part)
Subsektion 1 Eubrathydium R. Keller	4	all to Sect. 20 *Myriandra* Subsect. 2 *Suturosperma*
Subsektion 2 Pseudobrathydium R. Keller	1	
Sektion XVIII Brathys Spach		Sect. 29 *Brathys* (Mutis ex L.f.) Choisy Sect. 30 *Trigynobrathys* (Y. Kimura) N. Robson
Subsection 1 Eubrathys R. Keller	12	Sect. 29 *Brathys* (excluding *H. nitidum* Lam. to Sect. 20; *H. epigeium* R. Keller to Sect. 9; *H. rigidum* St. Hil., *H. rufescens* Klotzsch, *H. pelleterianum* St. Hil., *H. myrianthum* Cham. & Schlecht. – all to Sect. 30)
Subsektion 2 Connatum R. Keller	1	*Trigynobrathys* (part)
Subsektion 3 Multistamineum R. Keller	2	*Trigynobrathys* (part)
Subsektion 4 Spachium R. Keller	24	*H. hellwigii* Lauterb., *H. wilmsii* R. Keller, *H. rupestre* Bojer – all to Sect. 26; *H. nudicaule* Walter = *H. gentianoides* (L.) Britt. Sterns & Pogg. – to Sect. 29 (type of *Spachium*; therefore this name is synonym of *Brathys*); the rest to Sect. 30 *Trigynobrathys*

Botanik

Tabelle 8: Systematik nach ROBSON

Sektion	Namen	Autor	Typ	Anzahl Spezies	Basic Chromosomen Anzahl	Ploïdie	Bemerkungen, Literatur
1	CAMPYLOSPORUS (Spach)	R. KELLER	H. lanceolatum Lam.	11	12	2 x	Hedberg (1977) Gibby in Robson (1981)
2	PSOROPHYTUM (Spach)	NYMAN	H. balearicum L.	1 (one described since publication of Monograph)	12	2 x	Nilsson' & Lassen, 1971
3	ASCYREIA	CHOISY	H. calycinum L.	42	12, 11* 10, 9**	2 x, 4 x	* Mehra & Sareen, 1969 ** Thomas (1989), Gibby in Robson 1981 H. cernuum Roxb. = H. oblongifolium Choisy
4	TAKASAGOYA (Y. Kimura)	N. ROBSON	H. formosanum Maxim.	4	unbekannt	–	
5	ANDROSAEMUM (Duhamel)	GODRON	H. androsaemum L.	4	10	4 x	
6	INODORA	Stef.	H. xylosteifolium (Spach) N. Robson	1	10	4 x	
6a	UMBRACULOIDES	N. ROBSON	H. umbraculoides N. Robson	1	unbekannt	–	Robson, 1985
7	ROSCYNA (Spach)	R. KELLER	H. ascyron L.	4	9	2 x	to be divided into 1) *H. ascyron* n = q 2) the other 3 species with lined stems – n = ?
8	BUPLEUROIDES	STEF.	H. bupleuroides Griseb.	1	unbekannt		

Tabelle 8: *Fortsetzung*

Sektion	Namen	Autor	Typ	Anzahl Spezies	Basic Chromosomen Anzahl	Ploidie	Bemerkungen, Literatur
9	HYPERICUM		H. perforatum L.	1) ca. 48 Spezies 2) ca. 12 Spezies 3) ca. 44 Spezies	9, 8, 7	2 x, 4 x, 5 x 6 x	This section should be divided into 1) H. concinnum, n = 8 (2 x) 2) H. perforatum and other species with lined stems n = 8 (2,4,5,6 x) 3) Rest (E. Asia, E. North America) n = 8.7 (2 x, 3 x, 4 x)
10	OLYMPIA (Spach)	NYMAN	H. olympicum L.	2	9	2 x	
11	CAMPYLOPUS (Spach)	BOISS.	H. cerastoides (Spach) N. Robson	1	8	2 x	
12	ORIGANIFOLIA	STEF.	H. origanifolium Willd	4	9	2 x	
13	DROSOCARPIUM	SPACH	H. barbatum Jacq.	12	8*, 7**	2 x, 4 x	* Contandropoulos & Lanzalavi, 1968 ** Reynaud (1973)
14	OLIGOSTEMA (Boiss.)	STEF.	H. humifusum L.	7	8	2 x	
15	THASIA	BOISS.	H. thasium Griseb.	1	unbekannt	–	
16	CROSSOPHYLLUM	SPACH	H. orientale L.	2	8	2 x	
17	HIRTELLA	STEF.	H. hirtellum (Spach) Boiss.	24	10, 12, 14* (derived)	2 x	* Reynaud, 1973 Robson, 1981, p. 151
18	TAENIOCARPIUM	JAUB. & SPACH	H. linarioides Bosse.	23 – 24*	9	2 x	* evtl. auch H. eleanorae Jelenev (?)
19	CORIDIUM	SPACH	H. coris L.	5	9	2 x	
20	MYRIANDRA (Spach)	R. KELLER	H. prolificum L.	30	9	2 x	Hoar & Haertl. 1932 Robson & Adams, 1968
21	WEBBIA (Spach)	R. KELLER	H. canariense	1	10	4 x	Larsen, 1962 Borgen, 1969

Tabelle 8: *Fortsetzung*

Sektion	Namen	Autor	Typ	Anzahl Spezies	Basic Chromosomen Anzahl	Ploidie	Bemerkungen, Literatur
22	ARTHROPHYLLUM	Jaub. & Spach	H. rupestre Jaub. & Spach	5	unbekannt	–	
23	TRIADENIOIDES	Jaub. & Spach	H. pallens Banks & Solander	5	8*	2 x	* Reynaud, 1973
24	HETEROPHYLLA	N. Robson	H. heterophyllum Vent.	1	9*	2 x	* Reynaud, 1973
25	ADENOTRIAS (Jaub. & Spach)	R. Keller	H. russeggeri Fenzl	3	10*		* Ornduff, 1975 Reynaud, 1980
26	HUMIFUSOIDEUM	R. Keller	H. peplidifolium A. Rich.	10	12*, 8**	2 x	* Borgmann, 1964 ** Hedberg, 1977
27	ADENOSEPALUM	Spach	H. montanum L.	ca. 33	9,8	2 x	
28	ELODES (Adams.)	W. Koch	H. eloces L.	1	8 10	4 x* 2 x**	* Robson, 1956 (published in Robson & Adams 1968) ** Dehay, 1972; Gibby in Robson, 1981 For discussion, see Robson, 1981, p. 166
29	BRATHYS (Mutis ex L.f.) [including Sect. Spachium (R. Keller) N. Robson]	Choisy	H. brathys Smith nom. superfl. (= H. juniperinum Kunth)	88	12	2 x	Robson & Adams, 1968 Robson 1987
30	TRIGYNOBRATHYS (Y. Kimura)	N. Robson	H. myr:anthum Cham. & Schlecht.	52	12, (9), 8, 7	1 x?, 2 x, 4 x	Robson & Adams, 1968 Robson, 1981, 1990 ined. (9 is a variant from 8)

3.7 Schimmelpilze als Schädlinge auf Hypericum-Arten

Hypericum-Arten werden verhältnismäßig selten von Schädlingen befallen. Von Weidevieh werden sie oft gemieden. Es gibt Hinweise darauf, daß vor allem die hypericinhaltigen Arten von Pflanzenviren nicht befallen werden. Diese Hinweise benötigen allerdings noch der eingehenden Überprüfung.

Dagegen gibt es eine Anzahl von Schimmelpilzen, die Hypericum-Arten befallen. Nachstehende Pilzarten wurden auf Hypericum-Arten schon nachgewiesen (Tab. 9). In dem Werk „Microfungi on Landplants – and identification handbook" Martin B.Ellis B.Sc., Ph.D. (London) and J.Pamela Ellis B.Sc., Dipl.Syst.Mycol. – fanden sich einige Hinweise, die nachstehend gekürzt wiedergegeben werden.

Tabelle 9: Schimmelpilze als Schädlinge auf Hypericum-Arten
(nach M. B. Ellis u. I. P. Ellis: Microfungi on land plants, S. 371/372, Croon Helm, London & Sidney, 1987)

Name des Pilzes	Farbe	Sporengröße	vorwiegend auf Hypericum
Melampsora hypericorum Wint.	I. orange II. rötlich-braun	20 – 28 x 10 – 18 30 – 40 x 10 – 17	H.androsaemum
Erysiphe hyperici (Wallr.) Blumer			H.hirsutum, H.maculatum, H.perforatum, H.tetrapterum
Keissleriella ocellata (Niessl) Bose		16 – 21 x 6 – 7	auf schwärzlich verfärbten Teilen und an toten Stengeln von H.maculatum und H.perforatum
Mycosphaerella elodis (A. L. Sm.&Ramsb.) Tomilin	schwarz	14 – 16 x 2 – 3,5	auf Blättern von H.elodes; August
Seimatosporium hypericinum (Ces.) Sutton	braun	15 – 19 x 4,5 – 5,5	auf toten Stengeln von H.perforatum und H.tetrapterum
Septoria hyperici Desm.	braun		gelbgeränderte Flecken auf Blättern von H.elodes, H.hirsutum, H.perforatum, H.pulchrum und H.tetrapterum; August – Oktober

Botanik

3.8 Literatur über Hypericum und Hypericin

Bei den einzelnen Kapiteln ist jeweils die zum Kapitel gehörige Literatur aufgeführt. Hierbei sind auch bewußt Sekundär-Literaturzitate, wie z.B. MADAUS, enthalten. In der Sekundärliteratur sind sehr viele Literaturstellen zusammengefaßt, auf deren einzelne Aufführung hier verzichtet werden kann, um das Literaturverzeichnis zu „entlasten". In der angegebenen Primärliteratur, z.B. ROBSON, sind oft hunderte von weiterführenden Literaturangaben, siehe auch Literaturverzeichnisse S. 98, 122 und 147.
Die Primärliteratur über Hypericum und Hypericin ist in folgenden Sprachen abgefaßt:

bulgarisch	griechisch	neugriechisch	serbisch
dänisch	italienisch	niederländisch	tschechisch
deutsch	japanisch	norwegisch	türkisch
englisch	jugoslawisch	polnisch	ukrainisch
estnisch	lateinisch	rumänisch	ungarisch
französisch	mittelhochdeutsch	russisch	

[1] BOCK, H.: Kräuterbuch, Straßburg, Auflage 1572, Kap. XXIV, Auflage 1630, S. 55 – 59
[2] CHAMISSO, A. v.: Heil-, Gift- und Naturpflanzenbuch, Reprint, 1987
[3] CURTIS: Botanical Magazine, London 1817, Bd. 44, Nr. 1867
[4] DE CANDOLLE, A.: Prodromus systematis naturalis, Paris 1824, Bd. I, S. 552
[5] DIETRICH: Pharm. Zentralhalle 32, 1891, S. 683, Zit. n. HASCHAD
[6] DIOSCORIDES, P.: Kräuterbuch, übersetzt von UFFENBACH, Frankfurt 1614, S. 242 – 244
[7] DÖBEREINER, J. W. und F.: Deutsches Apothekerbuch, Stuttgart 1842, I. Teil, S. 407/408
[8] ENGLER, A. und PRANTL, K.: Die natürlichen Pflanzenfamilien, Leipzig 1895, III. Teil, Abt. 6, S. 208
[9] FUCHS, L.: Kräuterbuch, Basel 1543, Kap. XXIV, XXV, und CCCXXIII
[10] HAGERS: Handbuch der Pharmazeutischen Praxis, Berlin 1925, 8. Auflage, S. 1506
[11] HEGI, C.: Flora von Mitteleuropa, München o.J., Bd. V, 1, S. 438 ff.
[12] HEILMANN: Kräuterbücher, 1973, Kölbl-Verlag
[13] HOELZL, J. und OSTROWSKI, E.: Deutsche Apothekerzeitung, 1987, 127 (23), 1227 – 30
[14] Index Kewensis: Plantarum Phanerogamarum, Oxford, 1893 – 1940
[15] LINNÉ, C. VON: Species plantarum, Holmiae 1753, S. 783 Hypericum (1776), Diss. in Amoenitates academicas, Vol. III, Erlangae 1785, S. 318
[15a] LONICERUS, A.: Kreuterbuch, 1679
[16] MATHIS, C. und OURISSON, G.: Etude chimio-taxonomique du genre Hypericum, Phytochemistry, 1963, Vol. 2, S. 157 – 171
[17] MATTHIOLUS, P. A.: Kräuterbuch, herausgegeben von J. Camerarius, Frankfurt 1590, S. 317 – 319
[18] MEYER, E.H.F.: Geschichte der Botanik, Königsberg 1854, Buch III, Kap. 2, 247/248
[19] ROBSON, N., K. B.: Bulletin of the British Museum (natural History), Botany Series, Bd. 5, S. 291 – 355, 1977; Bd. 8, S. 55 – 226, 1981; Bd. 12, S. 163 – 325, 1985; Bd. 16, S. 1 – 106, 1987
[20] SCHMEIL-FITCHEN: Flora von Deutschland, 87. Auflage 1982
[21] SPRENGEL, C.: Caroli Linnaei Systema vegetabilium, Göttingen 1826, Bd. III, S. 341

[22] TABERNAEMONTANUS, J. Th.: Herausgegeben von BAUHINUS, Frankfurt 1613, S. 566–368

[23] TCHIRSCH, A.: Handbuch der Pharmakognosie, Leipzig 1910, 2. Abt., S. 563, 587, 650, 670, 681

Weiterführende Literatur:

BROCKMANN, H. et SANNE, W.: Chem. Ber. 90, S. 2480 (1957)

HAGENSTRÖM, U.: Dissertation (1953), Hamburg

KARYONE, T. et KAWANO, N.: J. Pharm. Soc. Japan 73, S. 204 (1953)

ROTH, L.: Untersuchungen über den Gehalt an Hypericin und etherischen Öl bei Johanniskrautarten, Dissertation (1953)

ROTH, L.: Untersuchung verschiedener Johanniskrautarten auf ihren Gehalt an Hypericin, Deutsche Apothekerzeitung, 36, S. 653 (1953)

ROTH, L., DAUNDERER, M., KORMANN, K.: Giftpflanzen – Pflanzengifte, 3. Aufl. (1988), ecomed VerlagsgmbH, Landsberg, S. 377 ff. u. 888

SALQUES, R.: Qualitas Plantarum et Materiae Vegetabilis 8, S. 38 (1961)

SIERSCH, E.: Anatomie und Microchemie der Hypericumdrüsen (Chemie des Hypericins), Plants 3, (1927), S. 481

VAN DER KUY, A. et HEGNAUER, R.: Pharm. Weekblad 87, S. 179 (1952)

WOLFF: Pharm. Zentralhalle 36 (1895), S. 193, Zit. n. HASCHAD

4. Chemie und Pharmazie der Inhaltsstoffe

4.1 Einschlußmittel für wasserhaltige Pflanzenpräparate

Die Untersuchungen der hellen und dunklen Sekretbehälter verschiedener Johanniskrautarten erstreckten sich teilweise über mehrere Vegetationsperioden. Daher war es notwendig, Dauerpräparate von Keimpflanzen, Blättern und Blüten anzufertigen, bei denen die ursprüngliche Färbung des Pflanzenorgans möglichst genau erhalten werden sollte.

Als Einschlußmittel für solche Dauerpräparate wird am häufigsten Canadabalsam verwendet. Hierzu muß jedoch das Präparat vollkommen entwässert werden, was man durch Einlegen in Alkohol-Wassergemische steigender Alkoholkonzentrationen erreicht. Ethanol löst aber den roten Farbstoff der dunklen Sekretbehälter und das Chlorophyll aus den Pflanzenteilen heraus. Es war deshalb das Ziel, eine Einschlußmasse zu verwenden, mit der jahrelang haltbare Dauerpräparate ohne vorherige Entwässerung hergestellt werden können. Versuche mit einigen in der Literatur beschriebenen Einschlußmitteln wie Gelatinebalsam, Glyceringelatine und Gummisirup befriedigten nicht. Es wurde daher versucht, eine neue Einschlußmasse zu finden, die aus den Präparaten keinen Farbstoff auszieht, einen möglichst hohen Brechungsindex hat und in der Konsistenz und der Haltbarkeit in etwa dem Canadabalsam entspricht. Da wasserhaltige Pflanzenteile eingeschlossen werden sollten, kam nur ein zuckerhaltiges Einschlußmittel in Frage. Zuckerhaltige Einschlußmittel kristallisieren jedoch häufig aus, was durch einen Stärkesirup von 45 °Bé vermieden wurde. Dieser Sirup schwankt in der Zusammensetzung je nach Fabrikat, im Mittel enthält der Kartoffelstärkesirup etwa 15 % Wasser, 35 % Zucker und 75 % Dextrin. Nach dem verschiedene Mischungsverhältnisse mit unterschiedlicher Brauchbarkeit erprobt worden waren, wurde ein Präparat verwendet, das noch heute unter dem Namen Phytohistol* im Handel ist.

Mit diesem Einschlußmittel angefertigte Präparate, wurden ohne Umrandung der Deckgläser 22 Monate lang auf eine Zentralheizung gelegt. Sie sind in dieser Zeit weder auskristallisiert, noch haben die eingeschlossenen Pflanzenteile ihre Farbe verändert. Selbst zarte Keimpflanzen wurden nur ganz wenig aufgehellt. Die Deckgläser ließen sich immer noch durch gelinden Druck seitlich verschieben; das Einschlußmittel war also selbst unter diesen extremen Bedingungen zähflüssig geblieben. Der Brechungsindex wurde mit nD_{20} = 1,482 bis 1,495 (frisch zubereitet) und 1,508 (2 Jahre alt) bestimmt. Zedernholzöl, das ebenfalls oft verwendet wird, hat einen Brechungsindex von nD_{20} = 1,515. Diesem Wert kommt das Einschlußmittel sehr nahe, wenn es auch nicht möglich war, das hohe Brechungsvermögen des Canadabalsams nD_{20} = 1,541 zu erreichen.

Selbst nach 20 Jahren konnte festgestellt werden, daß die Präparate immer noch brauchbar und das Einschlußmittel nicht auskristallisiert war. Es kann also ganz allgemein bei botanischen Präparaten für den oben genannten Zweck empfohlen werden.

---

*) Hersteller: CARL ROTH, 7500 Karlsruhe 21

4.2 Der rote Farbstoff Hypericin

Über die Inhaltsstoffe der Hypericum-Arten, insbesondere über Hypericin ist in den letzten 50 Jahren viel veröffentlicht worden. Es wurde deshalb darauf verzichtet, jeden einzelnen Stoff und seine Geschichte genau darzulegen. Dies ist für den wissenschaftlich Interessierten aus der jeweils angegebenen Literatur zu ersehen. Nur einige Stoffe sollen beispielhaft etwas ausführlicher geschildert werden.

Der wichtigste und auffälligste Inhaltsstoff, nahezu ein Charakteristikum, ist Hypericin, das etwa in der Hälfte aller bisher untersuchten Arten festgestellt werden konnte (siehe Tabelle 4). Es gibt verschiedene Methoden der Isolierung und auch der synthetischen Darstellung. Nachstehend soll die Geschichte der Isolierung von Hypericin und die vom Autor selbst angewendete Isolierungsmethode aufgeführt werden.

4.2.1 Frühere Arbeiten über Hypericin

Die erste wissenschaftliche Arbeit über den roten Farbstoff der Hypericum-Arten stammt von BUCHNER 1830 [16]: „In 100 Th. Blumen, 8 Th. eigentümlichen roten Farbstoff mit Gummi und eiweißartiger Materie, 6 Th. Pektinsäure, 4 Th. Faserstoff, 4 Th. gelben Farbstoff und Gerbstoff und 78 Th. Feuchtigkeit." Dies ist für die damalige Zeit ein erstaunlich richtiges Ergebnis. Den roten Farbstoff nannte er Hypericumrot.

1891 erschien eine Arbeit von DIETRICH [25], in der die Gewinnung eines amorphen Farbstoffes aus Johanniskraut beschrieben wird. DIETRICH zog die Kronblätter mit Alkohol aus, schüttelte mit Petrolether und dampfte den Alkohol ab. Er erhielt eine „käfergrüne", amorphe Masse. Da er aber keine näheren Untersuchungen durchführte, erkannte er nicht, daß es sich nicht um einen einheitlichen roten Farbstoff handelt, sondern, daß ein Gemisch von gelben, grünen und roten Bestandteilen mit Gerbstoffen vorliegt.

WOLFF [44] untersuchte 1895 das Absorptionsspektrum einer alkoholischen Lösung des nach der Methode von DIETRICH gewonnenen Farbstoffes. Er fand Absorptionsbanden, die von den später festgestellten etwas abwichen, vermutlich durch zu geringe Konzentration und Verunreinigungen (Tab. 10).

CERNY [22] gelang es 1911, den Farbstoff als mikroskopische kugelige Drusen zu erhalten. Er schüttelte ihn aus einer alkoholisch-etherischen Lösung mit 1 %iger Natriumacetatlösung aus und gewann ihn entweder durch Fällen mit Salzsäure oder durch Extraktion mit Essigester. Jedoch gelang es ihm nicht, den roten Farbstoff zu kristallisieren. Er analysierte die Drusen und fand als Bruttoformel: $C_{16}H_{10}O_5$. Die Ausbeute betrug 1,2 g aus 1 kg getrockneten Blüten. CERNY nannte den roten Farbstoff *Hypericin*.

1927 veröffentlichte SIERSCH [39] eine Arbeit über die Chemie des Hypericins, in der

Tabelle 10: Absorptionsbanden von Hypericumrot

Autor	Jahr	Absorptionsbande bei
WOLFF	1895	606 – 558 – 512 nm
BROCKMANN	1939	600 – 554 – 511 – 481 nm

eine Reihe von Reaktionen mit Hypericinlösungen beschrieben werden. Auf Grund dieser Ergebnisse wurde das Hypericumrot fälschlich den Anthocyanen zugeordnet und angenommen, daß es sich um ein Rhamnoseglukosid mit Pelargonidin im Molekül handelte.

1930 gelang es JOANNIDES [30], aus einer etherischen Lösung durch Zugabe von verschiedenen Phosphorsalzen den roten Farbstoff erstmals zu kristallisieren. Die Ausbeute war aber so gering, daß eine Analyse nicht möglich war.

Bis zu diesem Zeitpunkt wurde der rote Farbstoff allgemein als Hypericumrot oder Hypericin bezeichnet. JERZMANOWSKA [29] veröffentlichte 1937 eine Arbeit unter dem Titel „Über Hypericin, ein Glukosid aus Hypericum perforatum L.". Darin beschreibt sie sehr genau die Darstellung eines gelben Glukosides der Summenformel $C_{21}H_{20}O_{12}$, das sie Hypericin nennt. Durch diese Benennung kam in die bis dahin einheitliche Nomenklatur eine gewisse Verwirrung und von nun an erscheinen in der Literatur sowohl rote als auch gelbe Farbstoffe unter der Bezeichnung „Hypericin", gelegentlich auch „Hyperin".

SPRECHER schlägt in Pharm. Acta Helv. 1946 [40] daher vor, das von JERZMANOWSKA isolierte Glukosid der üblichen Nomenklatur entsprechend Hyperosid zu nennen. Die grundlegende Arbeit zur Reindarstellung des roten Farbstoffes Hypericin und zur Aufklärung der Konstitutionsformel wurde von MOHAMED NAGIB HASCHAD [5] bei BROCKMANN in Göttingen durchgeführt und 1939 in Liebiges Annalen veröffentlicht. Seine Darstellungsmethode hat sich im Gegensatz zu den vorher geschilderten bewährt und wird deshalb im folgenden ausführlicher beschrieben.

4.2.2 Methode zur Hypericingewinnung nach HASCHAD [5]

Getrocknete Blüten (400 g) werden gemahlen und im Soxhletapparat so lange mit Ether extrahiert, bis dieser farblos abläuft. Der Auszug enthält Chlorophyll, Carotinoide etc., die auf diese Weise entfernt werden. Danach wird erschöpfend mit insgesamt 2 Ltr. Methanol extrahiert, und es entsteht eine tiefrote Lösung, die auf einen Liter eingeengt wird. In diese Lösung leitet man gasförmiges HCl ein, bis eine Konzentration von 7 % erreicht ist. Im Verlauf von zwei Tagen setzt sich der Rohfarbstoff ab. Er wird mehrmals mit Benzin und Methanol gewaschen und getrocknet. Man löst ihn schließlich in Pyridin und gibt die gleiche Menge mit Salzsäure gesättigtes Methanol zu. Nach einigen Tagen scheidet sich Hypericin als glänzend schwarzrote Kristallstäbchen ab, die in der Durchsicht unter dem Mikroskop eine kirschrote Farbe zeigen. Die Ausbeute an reinem Farbstoff betrug bei HASCHAD knapp 0,4 %; an rohem Farbstoff nach der ersten Fällung das 10 – 15 fache. HASCHAD untersuchte auch die einzelnen Teile von H. perforatum auf ihren Hypericingehalt. Er verwendete dazu einen Spektralkolorimeter nach Dubosque.

Hypericin kann in allen Teilen der Johanniskrautpflanze mit Ausnahme der Wurzel vorkommen. Es ist in engumgrenzten, schwarz aussehenden Pünktchen, den dunklen Sekretbehältern, enthalten.

Nach HASCHAD ist der Farbstoff im Zellsaft gelöst. (Das zeigt sich auch beim Auspressen frischer Pflanzenteile, wobei man einen dunkelroten, kaum fluoreszierenden Preßsaft erhält.) Es ist noch unbekannt, in welcher Bindungsart das in reinem Zustand so schwer lösliche Hypericin in der Pflanze vorliegt. Hypericin läßt sich aus der Pflanze zwar durch Methanol (sogar durch Wasser) herauslösen, fällt aber nach einiger Zeit aus

Chemie und Pharmazie der Inhaltsstoffe

und ist dann nur noch in Pyridin und (weniger gut) in Nitrobenzol löslich. Diese Lösungen zeigen hellrote Fluoreszenz. Die Kristalle sind rechtwinklige, glänzende Stäbchen. An der Luft ist der Farbstoff vollkommen beständig; so konnte im Münchener Staatsherbar an einem 1822 gesammelten Exemplar von Hypericum perforatum Farbstoff noch genau so wie bei einer frischen Pflanze mit Chloralhydrat herausgelöst werden. Der Farbstoff hat keinen Schmelzpunkt, sondern zersetzt sich beim Erhitzen oberhalb 350 °C. Er löst sich in alkalischen Lösungen unterhalb pH 10,5 mit rotvioletter, oberhalb mit grüner Farbe; in konzentrierter H_2SO_4 ist er blaugrün und zeigt rote Fluoreszenz.

Nach neueren Untersuchungen und mündlichen Mitteilungen liegt in der Pflanze fast immer ein Gemisch von Hypericin und Pseudohypericin vor. Bei H. perforatum wurde das Verhältnis von 60:40 genannt.

4.2.3 Modifizierte Methode von HASCHAD [5] (eigene Methode [45])

Zur Bestimmung von Hypericin in Drogenauszügen und Arzneimitteln wurde vor fast 40 Jahren ein eigens hierfür konstruiertes einfaches Gerät verwendet, das aber – wie sich im nachhinein beim Vergleich der damals gefundenen Ergebnisse mit neueren Autoren, die mit modernen Methoden gearbeitet haben, – erstaunlich zutreffende Ergebnisse lieferte. Die Methodik dieser einfachen Hypericinbestimmung soll deshalb nachstehend kurz vorgestellt werden, weil sie nicht nur für Hypericin, sondern auch für andere Farbstoffe geeignet ist und zeigt, daß für Routine-Untersuchungen auch ein einfaches Gerät ausreichen kann und es nicht unbedingt erforderlich ist, hierfür aufwendige Apparaturen einzusetzen. Wo diese aber ohnehin vorhanden sind, ist die Verwendung derselben natürlich vorzuziehen, so daß diese Schilderung mehr als historische Betrachtung gewertet werden soll.

1951 sollte bei möglichst zahlreichen Arten der Gehalt der ganzen Pflanze an Hypericin festgestellt werden, bei einigen Arten, die in Mitteleuropa häufiger vorkommen, war auch der Gehalt des farbstoffreichsten Pflanzenteils zu ermitteln. Da von einigen Johanniskrautarten nur wenige Exemplare zur Verfügung standen, mußte eine Methode gefunden werden, die auch bei kleinen Drogenmengen ein genaues Ergebnis liefert. HASCHAD hat in seiner Arbeit eine solche Methode beschrieben [5, S. 41]. Diese Methode konnte jedoch nicht angewendet werden, da ein Dubosque-Kolorimeter nicht zur Verfügung stand. Eine gravimetrische Methode kam bei der komplizierten Darstellung des reinen Hypericins nicht in Betracht. Die Droge wurde daher mit verschiedenen Lösungsmitteln extrahiert und bei dem letzten Extrakt, der den roten Farbstoff gelöst enthielt, der Hypericingehalt kolorimetrisch festgestellt. Die angewendete Extraktionsmethode entsprach im wesentlichen der von HASCHAD, nur wurde vor der Etherextraktion mit Petrolether extrahiert, um festzustellen, wieviel Fette und Wachse in den einzelnen Arten vorhanden sind (siehe Tab. 19). Diese Petroletherextraktion hat aber keinen Einfluß auf den Hypericingehalt, da Hypericin in Petrolether unlöslich ist.

Zur Extraktion wurden drei Größen von Soxlethapparaten verwendet, deren Hülsen ca. 8, 40 und 120 g Drogenpulver faßten; je nachdem wieviel Material zur Verfügung stand.

Die Droge wird mittelfein gepulvert und im Soxleth zuerst erschöpfend mit Petrolether extrahiert, um Wachse, Fette und fettlösliche Farbstoffe (Chlorophyll und Carotinoide) zu entfernen. Darauf wird die Droge im Trockenschrank bei 50–60° 24 Stunden getrocknet und dann solange mit Ether oder

Chloroform extrahiert, bis die Flüssigkeit farblos abläuft. Man entfernt auf diese Weise das bei der kolorimetrischen Bestimmung störende Chlorophyll zu etwa 95 %.

Die Petrolether und Etherextraktion dauert bei wenigen Gramm Droge 4 – 8 Tage, bei größeren Mengen 10 – 14 Tage. Nach abermaligem Trocknen (24 Stunden bei 60°) wird mit einem Gemisch von Methanol mit etwas Ethanol solange extrahiert, bis das Lösungsmittel farblos abläuft, wozu im allgemeinen etwa zwei Wochen benötigt werden. (Ethanol wird zugesetzt, um einen Siedeverzug zu vermeiden). Bei älteren Drogen und bei Pflanzen, die im Spätjahr gesammelt werden, kann eine einzige Extraktion auch mehrere Wochen dauern. Der Methanolauszug hat eine tiefrote Farbe mit hellroter Fluoreszenz bei auffallendem Licht. Er enthält fast alles Hypericin der Pflanze; außer Hypericin sind aber auch noch geringe Mengen von Chlorophyll darin enthalten.

Die erforderliche Gesamt-Extraktionszeit mit den drei Lösungsmitteln betrug im Durchschnitt 2 Monate; bei mehreren Bestimmungen waren jedoch über 3 Monate zur vollständigen Entfernung der Farbstoffe aus der Droge notwendig. Es zeigte sich nämlich im Verlaufe dieser Arbeit, daß sich eine extrahierte Droge in einigen Ruhetagen „erholt" und bei erneuter Extraktion abermals gefärbte Auszüge ergibt, obwohl das Lösungsmittel vor der Unterbrechung schon farblos abgelaufen war. Die lange Extraktionszeit war also notwendig, um wirklich den gesamten Hypericingehalt zu erfassen, auf den es bei diesen Bestimmungen ankam.

4.2.4 Beschreibung und Anwendung des Doppelkolorimeters

Es mußte nun eine Methode gefunden werden, mit welcher der Hypericingehalt einer Lösung trotz der Verunreinigung mit Chlorophyll schnell und exakt bestimmt werden konnte. Am genauesten läßt sich eine solche Bestimmung mit einem Gerät durchführen, mit dem die Lichtintensität der Absorptionsbanden des Hypericinspektrums gemessen werden kann. (Z.B. Spektralphotometer oder ein DUBOSQUE Kolorimeter, wie es von HASCHAD verwendet wurde). Solche Geräte standen aber 1951 in Karlsruhe leider nicht zur Verfügung, und es mußte deshalb ein anderer Weg gefunden werden [5].

Versuche mit einem normalen AUTENRIETH Kolorimeter vor dessen Meßkeil eine Kuvette mit einer Chlorophyllösung angeordnet wurde, lieferten ebenfalls keine befriedigenden Ergebnisse, da die Konzentration der Chlorophyllösung bei jeder Bestimmung mehrmals verändert werden mußte.

Um also einen genauen optischen Vergleich der rein roten Farbe einer standardisierten Hypericinlösung mit der rotgrünen Mischfarbe des Methanolextraktes zu ermöglichen, wurde ein AUTENRIETH Kolorimeter mit zwei stufenlos verstellbaren Meßkeilen und zwei auswechselbaren Meßtrögen gebaut (Abb. 28 und 29).

Der Vorteil dieses neuen Kolorimeters besteht also darin, daß die Konzentration eines Farbstoffes schnell und zuverlässig bei einfacher Handhabung auch dann bestimmt werden kann, wenn der Farbstoff mit einem anderen verunreinigt ist. Bei solchen Verunreinigungen sind die normalen kolorimetrischen Bestimmungen nicht durchführbar. Die Leistungsfähigkeit der modernen spektroskopisch arbeitenden Kolorimeter und Photometer wird zwar nicht ganz erreicht, das Gerät ist aber viel kleiner, handlicher und wesentlich einfacher herzustellen.

Chemie und Pharmazie der Inhaltsstoffe

Abb. 28: Doppeltes AUTENRIETH-Kolorimeter von vorn gesehen. ca. 2 x verkl.

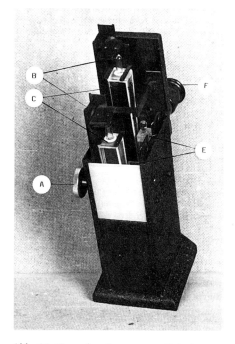

Abb. 29: Doppeltes AUTENRIETH-Kolorimeter von oben gesehen. ca. 2 x verkl.

Zeichenerklärung:

A **Einstellrädchen**, durch welche die Meßkeilhalter auf- und abwärts bewegt werden können.

B **Meßkeilhalter**, eine Feder klemmt den Meßkeil in den Halter.

C **Meßkeile**, sie werden von oben durch ein kleines Rohr gefüllt, das dann entweder verkorkt oder zugeschmolzen wird.

D **Skalen**, sie geben die jeweils eingestellte Schichttiefe in 1/10 mm an.

E **Meßtröge**, auf Abb. 28 vorne ein offener Meßtrog (Küvette), hinten ein Meßtrog mit Glasstopfen für leichtflüchtige Stoffe.

F **Optik**, sie ist für jedes Auge einstellbar und hat ein rundes Gesichtsfeld, das in der Mitte vertikal geteilt ist. Links erscheint die Farbe der Vergleichslösung, rechts die des im Meßtrog enthaltenen Extrakts.

G **Zahnstange**, über die vom Einstellrädchen der Meßkeilhalter gehoben und gesenkt werden kann.

4.2.5 Untersuchungsergebnisse

Mit diesem doppelten AUTENRIETH-Kolorimeter wurden eine Anzahl Johanniskraut-Arten, die auf dem Versuchsfeld gezogen worden waren, auf ihren Hypericingehalt untersucht. Obwohl mit mehreren Soxlethapparaten gleichzeitig extrahiert wurde, war es bei den langen für eine genaue quantitative Bestimmung notwendigen Extraktionszeiten nicht möglich, alle Untersuchungen in einem Jahr durchzuführen.

Die in Deutschland häufigste Johanniskraut-Art Hypericum perforatum wurde am gründlichsten untersucht (Tab. 11). Die jungen Triebe enthalten mehr Hypericin (0,245 %) als die blühende Pflanze (0,195 %). Diese Tatsache ist darauf zurückzuführen, daß auch bei kleinen Blättern die dunklen Sekretbehälter fast vollzählig ausgebildet sind. Die Stengel sind jedoch noch nicht verholzt, so daß das Trockengewicht je Pflanze bedeutend geringer als bei blühenden Pflanzen ist. Die Früchte dieser Art enthalten kein Hypericin, deshalb sinkt der Gehalt mit zunehmender Größe der Samenkapseln gegen Ende der Vegetationsperiode (0,105 %). Eine gewöhnliche Handelsware nach dem Erg.-B.6 zum damals gültigen DAB6 enthielt 0,176 % Hypericin, war also als gute Droge anzusprechen. Die Blütenteile enthalten bei Hypericum perforatum mehr als doppelt soviel Hypericin (0,488 %) wie die ganze Droge und von diesen Blütenteilen enthalten die Staubblätter wiederum etwa das Doppelte (0,820 %) an Hypericin wie eine Extraktion von 39,1 g Staubblättern zeigte, bei der 319 mg Hypericin erhalten wurden.

Aber nicht bei allen Johanniskraut-Arten enthalten die Blüten den meisten Farbstoff, so wurde bei dem großblütigen Hypericum olympicum (Abb. 19) ein geringerer Hypericingehalt bei einer Extraktion der Blütenteile (0,093 %) als bei einer Extraktion der ganzen blühenden Pflanze (0,218 %) gefunden. Betrachtet man eine solche Hypericum olympicum-Blüte, so kann man deutlich erkennen, daß sowohl Kron- als auch Kelchblätter viel weniger dunkle Sekretbehälter aufweisen als beispielsweise die Blüten von Hypericum perforatum. Auch bei Hypericum olympicum ist der Gehalt an Hypericin bei einer Droge, die Blüten und Früchte enthält, geringer (0,138 %) als bei einer solchen, die nur aus blühendem Kraut und Knospen besteht (0,218 %).

Tabelle 11: Hypericingehalt von Hypericum perforatum L. und verschiedener selbstgerogener Johanniskrautarten

Erntedatum	Artname	Herkunft der Samen	extrahierter Pflanzenteil	Hypericin %
20. 4. 51	perforatum	Karlsruhe	junge Triebe ohne Blüten ca. 15 cm lang	0,245
28. 6. 51	perforatum	Karlsruhe	ganzes Kraut mit Blüten	0,195
2. 10. 50	perforatum	Karlsruhe	ganzes Kraut mit Blüten und Früchten	0,105
unbekannt	perforatum	unbekannt	Handelsware, Herba Hyperici concis	0,176
10. 7. 51	perforatum	Karlsruhe	Blüten und Kelche	0,488
20. 7. 52	perforatum	Karlsruhe	Staubblätter	0,820
15. 8. 51	acutum	Bremen	ganzes Kraut mit Blüten und Früchten	0,150
11. 9. 51	Degenii	Mainz	ganzes Kraut mit Blüten und Früchten	0,183
15. 7. 51	hirsutum	Karlsruhe	Blüten und Blätter ohne Stengel	0,124
8. 11. 51	maculatum	Oldenburg	Im Herbst abgewelktes Kraut	0,111
27. 8. 52	maculatum	Bremen	ganzes Kraut mit Blüten	0,290
15. 7. 51	montanum	Mainz	ganzes Kraut mit Blüten	0,170
5. 5. 51	olympicum	Heidelberg	ganzes Kraut mit Blüten	0,218
5. 9. 50	olympicum	Heidelberg	ganzes Kraut mit Blüten und Früchten	0,138
1. 6. 52	olympicum	Heidelberg	Blüten und Kelche	0,093
8. 5. 52	orientale	Stockholm	ganzes Kraut mit Blüten	0,0
10. 6. 52	pulchrum	Bern	ganzes Kraut mit Blüten	0,099
19. 6. 52	quadrangulum	Karlsruhe	Blüten und Kelche	0,150
5. 11. 51	Rhodopeum	Karlsruhe	ganzes Kraut ohne Blüten	0,083
15. 7. 51	tetrapterum	Bremen	Kraut mit Blüten	0,332
20. 9. 51	tomentosum	Freiburg	Stengel und Blätter	0,222

4.2.6 Die chromatographische Bestimmung von Hypericin

HÖLZL und OSTROWSKI [28] haben Methoden zur Bestimmung von Hypericin durch HPLC und TLC angegeben (s. S. 106). Eigene Bestimmungsmethoden wurden in der analytischen Abteilung der Fa. Carl Roth, Karlsruhe, zur Qualitätskontrolle des selbst erzeugten Hypericins entwickelt.

1. TLC-Bestimmung von Hypericin

a) Stationäre Phase:
   Nano-Sil C 18-50 F 254 Nr. 811064 Macherey & Nagel
   Lösungsmittel:
   0,1 ml Pyridin   Nr. 9729 Roth
   9,9 ml Methanol   Nr. 4627 Roth
   Mobile Phase:
   317 g Methanol   Nr. 4627 Roth
   90 g Ethylacetat   Nr. 6484 Roth
   57 g 0,1 M Natriumhydrogenphosphat Nr. 4984 Roth
   Detektion: UV 365 nm
   R_f-Bereich: 0,7

b) Wie vorstehend, jedoch:
   Stationäre Phase:
   DC-Plastikfolie Kieselgel 60, F 254 Nr. 5735(1) Merck
   Mobile Phase:
   60 g n-Butanol   Nr. 7171 Roth
   30 g Toluol   Nr. 7346 Roth
   10 g Ameisensäure   Nr. 4724 Roth
   R_f-Bereich: 0,8

2. HPLC-Bestimmung von Hypericin

Die erste HPLC-Bestimmung von Hypericin wurde von STEINBACH 1981 beschrieben [41 a]. STEINBACH zeigt in seiner Arbeit auch die Fehler bei der Bestimmung nach dem DAC 1979 auf.
Moderne Bestimmungsmethoden mit HPLC wurden von FREYTAG [25 a] durchgeführt. In seiner Arbeit gibt er Verfahren für den HPLC-Nachweis von Hypericin und Pseudohypericin an. Die nachstehende eigene modifizierte Methode wurde in der Fa. Carl Roth, Karlsruhe, angewendet.

Säule: Nucleosil 5C 18
Lösemittel:
  0,1 ml Pyridin   Nr. 9729 Roth
  9,9 ml Methanol
Mobile Phase:
  317 g Methanol   Nr. 7342 Roth
  90 g Ethylacetat   Nr. 7636 Roth
  57 g 0,1 m Natriumhydrogenphosphat
Flußrate: 0,8 ml/min
Detektor: 590 nm/0,2 aufs

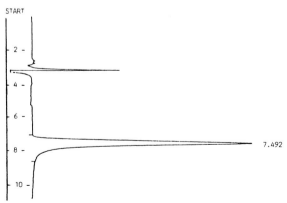

Abb. 30: HPLC-Bestimmung; die Kurve zeigt die Charge 3675482 des Hypericins Nr. 5593 der Fa. Carl Roth, Karlsruhe

4.2.7 Hypericin und verwandte Verbindungen

Hypericin

CAS-Nr.: 548-04-9

Synonyma: Hypericumrot, Mycoporphyrin, Cyclosan.

Gruppe: Naphthodianthronderivat.

Strukturformel:

Summenformel: $C_{30}H_{16}O_8$.

Molekulargewicht: 504,43.

Charakter: Violette Kristalle, Alkalisch wäßrige Lösungen unter pH 11,5 sind rot, über 11,5 sind grün mit roter Fluoreszenz.

Löslichkeit: Leicht löslich in Pyridin und anderen organischen Basen, schwer löslich in wäßrigem Alkali und Nitrobenzol mit ziegelroter Fluoreszenz.

Schmelzpunkt: Ca. 320 °C (dec.).

Bemerkung: Nahe verwandt ist das in dem Pilz *Penicilliopsis clavariaeformis* Solms vorkommende Penicilliopsin. Daraus kann in einem technisch aufwendigen Verfahren Hypericin in größeren Mengen gewonnen werden. P. besitzt in hohem Maße die Retroviren-hemmenden Eigenschaften, die auch von Hypericin nachgewiesen wurden (→ Kap. 5.7).

Literatur: Brockmann, H. und Neef, R.: Die Umwandlung von Penicilliopsin in Hypericin. Naturwissenschaften **38** (1951) S. 47; Roth, L. et al.: Deutsche Patentanmeldung (1989) unveröffentlicht; Fa. C. Roth Nr. 5593 (Hypericin HPLC) (1989)

Hypericin ist der wichtigste Inhaltsstoff des offizinellen Hypericum perforatum L.. Nach einer mündlichen Mitteilung (Fa. Klein) ist es zu etwa 60 % (bezogen auf den Gesamthypericin-Gehalt) in handelsüblicher Droge enthalten. Etwa 40 % Pseudohypericin konnten ebenfalls nachgewiesen werden. OSTROWSKI [37] führte mit Hochdruckflüssigkeitschromatographie Hypericinbestimmungen in Blüten durch und fand dabei ein Verhältnis von etwa einem Teil Hypericin zu drei Teilen Pseudohypericin. Bei diesen Bestimmungen wurde auch festgestellt, daß mit der HPLC-Methode Gesamthypericinwerte gefunden werden, die um den Faktor 1,5 bis 1,8 höher liegen als die photometrisch ermittelten Werte.
Von BROCKMANN, aber auch von CAMERON [19] wurden in den Jahren 1957 bis 1976 die Strukturformeln verschiedener Hypericin-Derivate geklärt. Das Vorkommen dieser oft instabilen Verbindungen in Hypericum-Pflanzen ist aber noch nicht gesichert.
Ebenso ist es auch nicht geklärt, ob das Frangula-Emodinanthranol in Hypericum vorkommt.

Frangula – Emodin – Anthranol

Aus zwei solchen Molekülen kann Hypericin synthetisch hergestellt werden.
Eine gute Übersicht über die bisher aus Hypericum perforatum isolierten Inhaltsstoffe gibt BERGHÖFER in ihrer Dissertation* [3]. Die Anthrachinonderivate dieser Übersicht sind in Tabelle 12 aufgeführt.

---
*) Bei den Arbeiten von BERGHÖFER [3] und OSTROWSKI [37] sind nicht nur die Analytik einzelner Inhaltsstoffe, sondern auch der Metabolismus einiger Verbindungen durch Tierversuche mit markierten Verbindungen beschrieben.

Chemie und Pharmazie der Inhaltsstoffe

Tabelle 12: Anthrachinonderivate

Verbindung	Formel	Literatur
Hypericin		BROCKMANN, H. et al. (1939) PACE, N. u. G. MACKINNEY (1941) BANKS, H. J. et al. (1976)
Pseudohypericin		BROCKMANN, H. et al. (1953, 1974, 1975) CAMERON, D. W. et al. (1976)
Protohypericin		BROCKMANN, H. et al. (1951) BANKS, H. J. et al. (1976)
Protopseudo-hypericin		BROCKMANN, H. et al. (1957) CAMERON, D. W. et al. (1976)
Hyperico-dehydro-dianthron*)		BROCKMANN, H. (1957)
Pseudohyperico-dehydro-dianthron*		BROCKMANN, H. (1957)

Chemie und Pharmazie der Inhaltsstoffe

Verbindung	Formel	Literatur
Cyclopseudohypericin		BROCKMANN, H. (1957, 1974, 1975) Formel 1 CAMERON, D. W. et al. (1976) Formel 2 entsteht aus Pseudohypericin durch H_2SO_4; natürliches Vorkommen fraglich
Desmethylpseudohypericin*		BROCKMANN, H. (1957)
Isohypericin		BROCKMANN, H. (1957) vermutlich mit Hypericin identisch
Kielcorin		NIELSEN, H. et al. (1978)

*) Vorkommen in Hypericum-Arten nicht gesichert

Literatur zu Tabelle 12:

BANKS, H. J. et al.: Austr. J. Chem. 29, 1509–1521 (1976)
BROCKMANN, H., M. N. HASCHAD et al.: Über das Hypericin, den photodynamisch wirksamen Farbstoff aus H. perforatum. Naturwissenschaften, 27, 550 (1939)
BROCKMANN, H., F. KLUGE: Zur Synthese des Hypericins. Naturwissenschaften, 38, 141 (1951)
BROCKMANN, H. und W. SANNE: Pseudohypericin, ein neuer Hypericum-Farbstoff. Naturwissenschaften, 40, 461 (1953)
BROCKMANN, H.: Photodynamisch wirksame Pflanzenfarbstoffe. Fortschritt d. Chem. org. Naturstoffe 14, 141–177 (1957)
BROCKMANN, H. und W. SANNE: Zur Kenntnis des Hypericins und Pseudohypericins. Chem. Berichte 90, 2480–2491 (1957)
BROCKMANN, H. und D. SPITZNER: Die Konstitution des Pseudohypericins. Tetrahedron Letters 37–40 (1975)
BROCKMANN, H., U. FRANSSEN, D. SPITZNER und H. AUGUSTINIAK: Die Isolierung und Konstitution des Pseudohypericins. Tetrahedron Letters 1991–1994 (1974)
CAMERON, D. W. und W. D. RAVERTY: Austr. J. Chem. 29, 1523–1533 (1976)
CAMERON, D. W. et al.: Austr. J. Chem. 29, 1535–1548 (1976)
NIELSEN, H. und P. ARENDS: Phytochemistry 17, 2040–2041 (1978)
OXFORD, A. E., RAISTRICK, H.: Biochem. J. 1940, 34, 790
PACE, N. und G. MACKINNEY: J. Amer. Chem. Soc. 63, 2570–2574 (1941)

Chemie und Pharmazie der Inhaltsstoffe

4.3 Sonstige Inhaltsstoffe von Hypericum-Arten

Die Analytik der Inhaltsstoffe von H. perforatum ist nicht einfach, da sich die Pflanzensäuren und Flavonoide bei den gebräuchlichen chromatographischen Nachweisverfahren anders verhalten als Hypericin. OSTROWSKI [37] stellte fest, daß Hypericin selbst mit 100 % Acetonitril von der verwendeten Säule nicht zu eluieren war. Ein Fließmittelgemisch 60 % Acetonitril und 40 % Methanol erwies sich als geeignet. Eine solche Auftrennung zeigt Abbildung 31 [37].

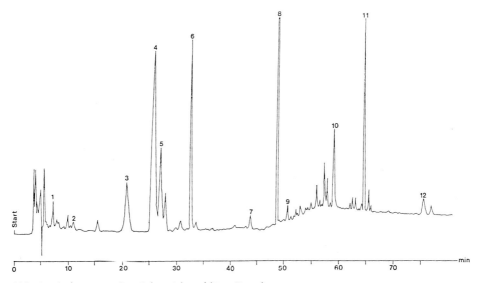

Abb. 31: Auftrennung eines Johanniskrautblüten-Extraktes

1 Chlorogensäure	2 Kaffeesäure	3 Rutin	4 Hyperosid
5 Isoquercitrin	6 Quercitrin	7 Quercetin	8 I3, II8 Biapigenin
9 Amentoflavon	10 Pseudohypericin	11 Hyperforin	12 Hypericin

4.3.1 Flavonoide

Das Hauptflavonoid ist das Quercetin mit seinen Glykosiden (2 – 4 %).

Quercetin ist eines der verbreitetsten Flavone in Pflanzen. 1981 untersuchten SAHU et al. den Stoff im Mikrokerntest; diese Untersuchung fand Eingang in die BGA-Schrift 3/87:

Mikrokerne in Erythrozyten

Der Mikrokerntest erfaßt klastogene Effekte (Induktion struktureller Chromosomenaberrationen) und mit gewissen Einschränkungen auch Genommutationen in Somazellen des Säugers. Mikrokerne kommen in unterschiedlichsten Geweben vor. Hier wird nur über das Auftreten von Mikrokernen in Erythrozyten des Knochenmarks von Säugetieren referiert.

Klastogene Stoffe induzieren Chromosomenbrüche, in deren Folge Chromosomenfragmente entstehen. Diese Fragmente umgeben sich während der Telophase mit einer eigenen Kernmembran und bilden so neben dem Hauptkern einen Mikrokern. Während der Erythropoese wird der Hauptkern ausgestoßen, während der Mikrokern in den polychromatischen Erythrozyten verbleibt. Das vermehrte Auftreten an Mikrokernen ist somit ein Beleg für induzierte strukturelle Chromosomenmutationen.

Als Versuchstiere werden für den Mikrokerntest bevorzugt Mäuse oder Chinesische Hamster eingesetzt, denen die Prüfsubstanz üblicherweise einmal verabreicht wird. Die Aufarbeitung sollte zu drei verschiedenen Zeiten erfolgen; der früheste Zeitpunkt ist 12 Stunden, der späteste 72 Stunden nach Behandlung. Die Tiere werden getötet, das Knochenmark aus den Oberschenkeln gewonnen. Zellausstriche werden angefertigt und gefärbt. Lichtmikroskopisch wird das Auftreten an Mikrokernen in polychromatischen Erythrozyten untersucht.

Dieses aus dem zytogenetischen Knochenmarktest abgeleitete Verfahren hat sich aufgrund der Einfachheit sowohl der Versuchsdurchführung als auch der Auswertung zu einem der am häufigsten verwendeten in vivo Tests entwickelt.

In der BGA-Schrift wird Quercetin aufgeführt und in die Kategorie 3 eingestuft: Stoffe, die unter dem Verdacht stehen, erbgutverändernd zu wirken (siehe auch Kapitel 5.6).

Das zuerst von JERZMANOWSKA 1937 [29] isolierte Quercetin-3-d-Galaktosid wurde als erstes Flavonoid von H. perforatum beschrieben. Sie nannte es fälschlich Hypericin. Eine Isolierung des Autors (1952) ergab gelbgrüne etwa 1 mm lange dünne Nadeln und sternchenförmige Nadelbüschel. Eine Elementaranalyse am Max Planck Institut für Kohlenforschung in Mühlheim Ruhr durchgeführt, ergab:
C 55, 34 %; O 35, 68 %; H 5, 52 %.

SPRECHER und CASPARIS isolierten 1946 aus lufttrocknetem H. perforatum, herba 0,7 % und aus flores 1,1 % dieses Flavonoides, Hyperosid [40].

BERGHÖFER [3] und OSTROWSKI [37] fanden in geringen Mengen die nachstehenden Flavonoide:

Biflavonoide

I 3, II 8-Biapigenin (0,1 – 0,5 %) in H. perforatum

I 3', II 8-Biapigenin (Amentoflavon, 0,01 – 0,05 %) in H. perforatum

Die beiden Biflavonoide konnten nur in Blütenständen nachgewiesen werden. In Tierversuchen bewirken Biflavonoide aus *Taxus baccata* eine Sedierung. Sie zeigen eine bemerkenswerte Bindung am Diazepamrezeptor. Möglicherweise kommt ihnen eine Bedeutung bei der Anwendung gegen Unruhe und Schlafstörungen zu. Eine indische Arbeitsgruppe konnte außerdem für das Amentoflavon antiulzerogene und antiinflammatorische Effekte nachweisen. Damit könnten die Wirkungen von Johanniskraut erklärt werden (DAZ 130, Nr. 7, S. 367, 1990).

Chemie und Pharmazie der Inhaltsstoffe

Quercetin

CAS-Nr.: 117-39-5

Synonyma: Pentahydroxyflavon, Sophoretin, Meletin, Ericin.

Gruppe: Flavonoidaglykon.

Strukturformel:

Summenformel: $C_{15}H_{10}O_7$.

Molekulargewicht: 302,23.

Charakter: Zitronengelbe Nädelchen.

Löslichkeit: Löslich in heißem Ethanol, in Eisessig, Essigester.

Schmelzpunkt: 312–316 °C.

R_f-Werte Dünnschichtchromatographie:
LM = Methanol; FM = Toluol (5): Ethylformiat (4): Ameisensäure (1).
R_f-Bereich: ca. 0,50.*

Farbreaktionen, Reagenzien: Gelb, verstärkt durch Naturstoffreagenz A.*

Toxikologie: LD_{50} (Maus): 160 mg/kg oral.

Von ähnlicher Wirkung sind:
Isoquercitrin (Quercetin-3-glycosid)

Quercitrin (Quercetin-3-L-rhamnosid)

Verordnungen: Giftklasse 3 der Schweizer Giftliste.

Handelsüblich: Quercetin Dihydrat. Fa. C. Roth Nr. 7417 (Dihydrat) (1989)

Literatur: Merck Index, 7937; Hager II, 854; Roth, Naturstoffliste, 248; Karrer, 1522; Sahu, R. K., Basu, R. und Sharma, A. (1981): Genetic toxicological testing of some plant flavonoids by the micronucleus test. Mut.Res. 89: 69–74; Basler, A. und W. von der Hude: Erbgutverändernde Gefahrstoffe, BGA-Schrift 3, MMV Medizin Verlag (1987)

Hyperosid

CAS-Nr. 482-36-0

Synonyma: Hyperin, Quercetin-3β-D-galactosid.

Gruppe: Flavonoidglykosid.

Strukturformel:

Summenformel: $C_{21}H_{20}O_{12}$.

Molekulargewicht: 464,39.

Charakter: Hellgelbe Nadeln.

Schmelzpunkt: 232–233 °C (dec.).

Spezifische Drehung: $[\alpha]_D^{20}$ −83° (c = 0,2 in Pyridin).

R_f-Werte Dünnschichtchromatographie:
LM = Natronlauge; FM = Essigester (10): Ameisensäure (2): Wasser (3).
R_f-Bereich: ca. 0,90.*

Strukturformel:

Farbreaktionen, Reagenzien: UV, violett, Naturstoffreagenz A.*

Literatur: Dict. of Org. Comp., H-03587; Karrer, 1531; Trivialnamenkartei, Verlag Chemie 3556; Roth, Die Naturstoffliste (1976), 167; Fa. C. Roth Nr. 7932 (1991)

Luteolin

CAS-Nr.: 491-70-3

Synonyma: 3',4',5,7-Tetrahydroxyflavon, Digitoflavon, Gyanidenon.

Gruppe: Flavonoid.

Strukturformel:

Summenformel: $C_{15}H_{10}O_6$.

Molekulargewicht: 286,23.

Charakter: Gelbe Nadeln aus Alkohol; liegt meist als Monohydrat vor.

Schmelztemperatur: 326 – 330 °C, sublimiert im Hochvakuum.

R_f-Werte Dünnschichtchromatographie:
LM = Natronlauge; FM = Toluol (5) : Ethylformiat (4) : Ameisensäure (1); $R_f \sim 0,20$.

Farbreaktionen, Reagenzien: UV violett.

Literatur: Madaus; Roth, Die Naturstoffliste, 7, 192 (1976); BT 2, 549; Beilstein 2568; Karrer 1470; Merck Index 10, Nr. 5425; Fa. C. Roth Nr. 4546 (1989)

Kämpferol

CAS-Nr.: 520-18-3

Synonyma: 3,4',5,7-Tetrahydroxyflavon, Robigenin, Trifolitin, Rhamnolutin, Populnetin, Nimbicetin, Swartziol.

Gruppe: Flavonoid.

Strukturformel:

Summenformel: $C_{15}H_{10}O_6$.

Molekulargewicht: 286,24

Charakter: Gelbe Nadeln.

Vorkommen: Frei und als Glykosid in vielen Pflanzen.

Schmelztemperatur: 275 – 277 °C.

R_f-Werte Dünnschichtchromatographie:
LM = Methanol; FM = Toluol (5) : Ethylformiat (4) : Ameisensäure (1); $R_f \sim 0,50$.

Farbreaktionen, Reagenzien: gelb.

Literatur: Karrer 1497; Beilstein 2568; Merck Index 10, Nr. 5112; BT 2, 549; Roth, Die Naturstoffliste 7, 174 (1976); Akthardzhiev, K. et al.: Farmatsiya (Sofia) 34 (1984); Fa. C. Roth Nr. 7503 (1989)

Myricetin

CAS-Nr.: 529-44-2

Synonym: 3,3',4',5,5',7-Hexahydroxy-flavon, Cannabiscetin.

Gruppe: Flavonoid.

Strukturformel:

Summenformel: $C_{15}H_{10}O_8$.

Molekulargewicht: 318,24.

Charakter: Gelbe Nadeln.

Schmelztemperatur: 355 °C (Zersetzung).

R_f-Werte Dünnschichtchromatographie:
LM = Ethanol; FM = Toluol (5) : Ethylformiat (4) : Ameisensäure (1); $R_f \sim 0,30$.

Farbreaktionen, Reagenzien: gelb.

Literatur: Frohne/Jensen S. 89; BT 2, 551; Merck Index 10, Nr. 6181; Roth, Die Naturstoffliste 7, 208 (1976); Akthardzhiev, K. et al.: Farmatsiya (Sofia) 34 (1984); Fa. C. Roth Nr. 4187 (1989)

Rutin

CAS-Nr.: 153-18-4

Synonyma: Quercetin-3-rutinosid, Melin, Phytomelin.

Gruppe: Flavonoidglykosid.

Strukturformel:

Summenformel: $C_{27}H_{30}O_{16}$.

Molekulargewicht: 610,51.

Charakter: Hellgelbe Nadeln, dunkeln im Licht nach, wasserfreies Rutin ist hygroskopisch.

Löslichkeit: Löslich in Pyridin, leicht löslich in Ethanol, Aceton, Ethylacetat.

Schmelzpunkt: 188 – 190 °C.

Spezifische Drehung: $[\alpha]_D^{23}$ + 13,82 (Ethanol).

R_f-Werte Dünnschichtchromatographie:
LM = Methanol; FM = Essigester (10): Ameisensäure (2): Wasser (3).
R_f-Bereich: ca. 0,75.*

Farbreaktionen, Reagenzien: Gelb, durch Naturstoffreagenz A verstärkt.*

Toxikologie: LD_{50} (Maus): 950 mg/kg (Propylenglykollösung) intravenös.

Literatur: Merck Index, 8164; Hager II, 714, 856; Roth, Die Naturstoffliste, 256 (1976); Karrer, 1536; Fa. C. Roth Nr. 7422 (1989); [26, 31, 34]

(+)-Dihydroquercetin

CAS-Nr.: 480-18-2

Synonym: Taxifolin, 3,5,7,3',4'-Pentahydroxyflavanon.

Gruppe: Flavonoid.

Strukturformel:

Summenformel: $C_{15}H_{12}O_7$.

Molekulargewicht: 304,26.

Charakter: Lange, dünne Nadeln aus Wasser.

Schmelztemperatur: 228 – 230 °C (dl.Verb.); 238 – 239 °C (d-Verb.) nach Erdtmann.

Spezifische Drehung: $[\alpha]_D^{20}$ = + 42° bis + 46° (in verd. Aceton).

R_f-Werte Dünnschichtchromatographie:
LM = Methanol; FM = Toluol (5) : Ethylformiat (4) : Ameisensäure (1); $R_f \sim 0,25$.

Farbreaktionen, Reagenzien: gelb.

Literatur: Roth, Die Naturstoffliste 7, 119 (1976); Karrer 1637; Fa. C. Roth Nr. 5797 (1989); Erdtmann, H. u. Pelchowicz, Z.: Acta Chem. Scand. 9, 1728 (1955)

4.3.2 Pflanzensäuren

Neben Chlorogensäure und Kaffeesäure wurde auch Ascorbinsäure [22 a] nachgewiesen.

Chlorogensäure

CAS-Nr.: 327-27-9

Synonyma: Helianthsäure, 3-(3,4-Dihydroxycinnamoyl)-D(–)-chinasäure.

Gruppe: Phenolcarbonsäure.

Strukturformel:

Summenformel: $C_{16}H_{18}O_9$.

Molekulargewicht: 354,32.

Charakter: Weiße Kristalle.

Löslichkeit: Leicht löslich in Ethanol, Aceton.

Schmelzpunkt: 207–208 °C.

Spezifische Drehung: $[\alpha]_D^{20}$ –33 bis 35° (c = 1 in H_2O).

R_f-Werte Dünnschichtchromatographie:
LM = Aceton; FM = Essigester (10): Ameisensäure (2): Wasser (3).
R_f-Bereich: ca. 0,60.*

Farbreaktionen, Reagenzien: UV violett (mit Naturstoffreagenz A verstärkt).*

Anwendung: Nach Baltes konnte durch Chlorogensäure-Gaben die Mutagenitätsrate in Lebensmitteln gesenkt werden.

Literatur: Hager II, 1051; Karrer, 990; Merck Index, 2112; Roth, Die Naturstoffliste, 95 (1976); W. Baltes: Lebensmittelchem. Gerichtl. Chem. 40, 49 (1986); Fa. C. Roth Nr. 5558 (1989)

Kaffeesäure

CAS-Nr.: 501-16-6

Synonyma: 3,4-Dihydroxyzimtsäure.

Gruppe: Phenolcarbonsäure.

Strukturformel:

Summenformel: $C_9H_8O_4$.

Molekulargewicht: 180,15.

Charakter: Gelbe Nadeln oder Blättchen.

Löslichkeit: Leicht löslich in Ethanol und heißem Wasser.

Schmelzpunkt: 195 °C dec. 223–225 °C.

R_f-Werte Dünnschichtchromatographie:
LM = Ethanol; FM = Toluol (5): Ethylformiat (4): Ameisensäure (1).
R_f-Bereich: ca. 0,45.*

Farbreaktionen, Reagenzien: UV, violett; Naturstoffreagenz A.*

Literatur: Merck Index, 1605; Dict. of Org. Comp., D-05001; Roth, Die Naturstoffliste, 174 (1976); Fa. C. Roth Nr. 5574 (1989); Karrer 957; Beilstein 10, 436; Stahl, E.: Dünnschichtchromatographie, ein Laboratoriumshandbuch, S. 657 u. 666, 2. Aufl. Springer Verlag, Heidelberg, New York (1967)

Chemie und Pharmazie der Inhaltsstoffe

4.3.3 Hyperforin

Das Phloroglucinderivat Hyperforin wurde vor allem von russischen Forschern in den Jahren 1971–1975 bearbeitet. Es ist chemisch eng verwandt mit dem Hopfenbitterstoffen Humulon und Lupulon und soll nur in H. perforatum vorkommen. Hyperforin hat eine ausgeprägte antibakterielle Wirkung und ist neben anderen Flavonoiden, Biflavonoiden sowie weiteren Verbindungen in relativ hoher Konzentration im Johanniskrautöl DAB enthalten. Die Verwandschaft zu den Hopfenbitterstoffen könnte auch mitursächlich für die Verwendung von Johanniskraut als Sedativum sein. Für diese Annahme spricht auch, daß das aus Humulon und Lupulon abspaltbare, sedierend wirkende 2-Methyl-3-buten-2-ol auch im ätherischen Öl von H. perforatum gefunden wurde (s. Tabelle 16, 17 und Abb. 33).

R_f-Werte Dünnschichtchromatographie:
Hexan : Diethylether 80 : 20;
R_f-Bereich 0,4–0,5; schwach blaue fluoreszenz bei 366 nm, starke Fluoreszenzminderung bei 254 nm (UV).

Hyperforin ist in frischen H. perforatum Blüten, Knospen und Samenkapseln in verhältnismäßig hoher Konzentration vorhanden. Es wird rasch abgebaut in Drogenauszügen und Lösungen. Dagegen ist es als Isolat, trocken mit BHT (Butylhydroxytoluol, Antioxidans) aufbewahrt, stabil. Hyperforin wird rasch im Organismus verteilt und metabolisiert. Es ist auch im Gehirn nachweisbar, deshalb kommt OSTROWSKI [37] zum Schluß, daß es sich um eine Wirksubstanz von H. perforatum handelt.

Literatur:

BYSTROV, N. S. et al.: Tetrahedron Letters 32, 2791 (1975); Bioorganicheskaya Khimiya 4, 791–805 (1978)
BRONDZ, I. et al.: Tetrahedron Letters 23, 1299 (1982)
CHIALVA, F. et al.: Riv. Ital. Eppos. 63, 268 (1981)
CHIALVA, F. et al.: Journal of HRC and CC 5, 182 (1982)
GUREVICH, A. I. et al.: Antibiotici 6, 510 (1971)
HAGENSTRÖM, U.: Arzneimittelforschung 5, 155 (1955)

HÄNSEL, R. et al.: Zeitschrift f. Naturforsch. 35 c, 1096 (1980)
HÖLZL, J.: DAZ 130 Nr. 7, 367 (1990)
HÖLZL, J. und MÜNKER, H.: 33. Vortragstagung für Arzneipflanzenforschung, Regensburg (1985)
NEUWALD, F. und HAGENSTRÖM, U.: Arch. Pharm. 287, 439 (1954)
WOHLFART, R. et al.: Arch. Pharm. 315, 132 (1982)
WOHLFART, R. et al.: Planta Medica 48, 120 (1985)

4.3.4 Gerbstoffe

Gerbstoffe sind zu 3,8 – 16,4 % im H. perforatum enthalten [27 a]. Sie sind aus Catechinbausteinen aufgebaut. AKTHARDZHIEV isolierte daraus als Einzelkomponenten Catechin und Epicatechin [1 a].

(+)-Catechin

CAS-Nr.: 154-25-4

Synonyma: Catechusäure, Cyanidol, Gambircatechin.

Gruppe: Gerbsäure.

Strukturformel:

Summenformel: $C_{15}H_{14}O_6$.

Molekulargewicht: 290,28.

Charakter: Kristalle, weiß bis rosa, kristallisiert aus Wasser mit $4H_2O$, Fp. 93 – 96 °C.

Löslichkeit: Löslich in Ethanol, Eisessig, heißem Wasser.

Schmelzpunkt: 174 – 175 °C.

Spezifische Drehung: $[\alpha]_D^{20}$ + 16° (Wasser fr. Aceton, 1 : 1).

R_f-Werte Dünnschichtchromatographie: LM = Ethanol; FM = Toluol (5) : Ethylformiat (4) : Ameisensäure (1); R_f ca. 0,15.*)

Farbreaktionen, Reagenzien: UV, hellbraun.

Verordnungen: Giftklasse 4 der Schweizer Giftliste.

Literatur: Dict. of Org. Comp. C-00436; Karrer, 1762; Merck Index, 1883; Roth, Die Naturstoffliste, 88 (1976); Fa. C. Roth Nr. 6200 (1989)

(−)-Epicatechin

CAS-Nr.: 490-46-0

Synonyma: Kakaol, L-Acacatechin, Teecatechin I.

Gruppe: Gerbsäure.

Strukturformel:

Summenformel: $C_{15}O_{14}H_6$, Diastereomer zu Catechin.

Molekulargewicht: 290,28.

Charakter: Nadeln oder Prismen.

Vorkommen: In Catechu- u. Cola-Arten, im grünen Tee, im Kernholz verschiedener Coniferen-Arten.

Schmelztemperatur: 237 – 245 °C.

Spezifische Drehung: $[\alpha]_D^{20}$ = − 56 ÷ 2° (Ac.-Wasser 1 : 1)

R_f-Werte Dünnschichtchromatographie: LM = Methanol; FM = Toluol (S) : Ethylformiat (4) : Ameisensäure (1); R_f ~ 0,30

Farbreaktion, Reagenzien: Vanillin + HCl rot.

Pharmakologie: Besitzt größte Vitamin-P-Wirkung.

Literatur: Beilstein **17**, 214; Roth, Die Naturstoffliste, 126 (1976); BT **2**, 552, 836; Fa. C. Roth Nr. 5798 (1989)

4.3.5 Blütenfarbstoffe

In den Blüten wurde außer dem gelblichen Hyperosid und Hypericin von MICHALUK [34, 35] „Cyanidin" nachgewiesen.
HÖLZL (DAZ 130, S. 367, 1990) führte in einem Vortrag im Januar 1990 aus: „Bemerkenswert ist das Vorkommen von Procyanidinen in Johanniskraut, denen bei Weißdornpräparaten neben den Flavonoiden die Herzwirkung zukommt. In einem Laborversuch zeigten die Hypericum-Procyanidine die gleiche Wirkung auf das Herz wie die Crataegus-Procyanidine."

Bei Untersuchungen des Autors wurde ein gelber Carotinoidfarbstoff, vermutlich Xanthophyll (Lutein), gefunden.
Alle Johanniskrautarten enthalten Chlorophyll, wobei die Verteilung zwischen Chlorophyll A und B nicht ermittelt wurde. Lediglich bei Hypericum perforatum ist der Chlorophyll-Gehalt der trockenen Handelsdroge kolorimetrisch mit durchschnittlich 0,75 % errechnet worden.

Cyanidinchlorid

CAS-Nr.: 528-58-5

Synonyma:
3,3',4',5,7-Pentahydroxyflavyliumchlorid.

Strukturformel:

Summenformel: $C_{15}H_{11}O_6Cl$.

Molekulargewicht: 322,70.

Charakter: Metallisch glänzende Nadeln; Absorptionsmax. (Methanol. HCl) 535 nm.

Schmelztemperatur: ~ 300 °C (Zersetzung).

R_f-Werte Dünnschichtchromatographie:
LM = Methanol; FM = Eisessig (5) : Salzsäure (1) : Wasser (5); R_f ~ 0,70.

Farbreaktionen, Reagenzien: rot.

Literatur: Karrer 1712; C. 1958, 5367; Merck Index 8, 306; BT 2, 546; Beilstein XVIII 1. E. 421; Roth, Die Naturstoffliste, (1976); Fa. C. Roth Nr. 4545 (1989)

Xanthophyll

CAS-Nr.: 127-40-2

Synonyma: 3,3'-Dihydroxy-α-carotin, Lutein.

Strukturformel:

Summenformel: $C_{40}H_{56}O_2$.

Molekulargewicht: 568,88

Charakter: Schwalbenschwanzförmige, violettbraune, metallglänzende Prismen.

Löslichkeit: lösl. in Chloroform, Benzol, Aceton, Ether.

Spezifische Drehung: $[\alpha]$ cd = + 160 °C (Chlf)

Literatur: BT 2, 373; Merck Index 10, Nr. 9875; Fa. C. Roth Nr. 5671 (1989)

4.3.6 Anthrachinone / Xanthonderivate

BERGHÖFER [3] beschreibt, daß die Anthrachinone Skyrin und Oxyskyrin (die auch im Pilz Penicilliopsis clavariaeformis Solms enthalten sind) in Hypericum-Arten ebenfalls nachgewiesen wurden [18].

Weiterhin wurden einige Xanthonderivate identifiziert:
1,3,6,7-Tetrahydroxyxanthon, Maculatuxanthon [26 a, 36] und Mangiferin [31]

Es wäre zu überprüfen, ob nicht Mangostin eines der Xanthone ist, das in der Familie Guttiferae schon nachgewiesen wurde.

Skyrin

Beilstein: E IV 8 : 3767.

Synonyme: Endothianin; 1,1'-Bisemodin

Stoffgruppe: Anthrachinon.

Summenformel: $C_{30}H_{18}O_7$.

Molekulargewicht: 490,47.

Charakter: Dunkelorange Stäbchen.

Löslichkeit: Löslich in Aceton.

Schmelzpunkt: 380 °C.

Spezifische Drehung: $[\alpha]_D^{22}$ 0° (in Aceton); $[\alpha]_D^{18} = 215°$ (Ethanol)

Literatur: Betina, Vladimir (Ed.): Mycotoxins-Production, Isdation, Separation and Purification, Elsevier, Amsterdam, New York 1984; Roth, L., Frank, H., Kormann, K.: Giftpilze-Pilzgifte, ecomed VerlagsgmbH 1990

Mangostin

CAS-Nr.: 6147-11-1

Strukturformel:

Summenformel: $C_{24}H_{26}O$.

Molekulargewicht: 410,45.

Charakter: Gelbe Kristalle.

Schmelztemperatur: 181 – 182 °C.

Literatur: Merck Index 10, Nr. 5567.

Chemie und Pharmazie der Inhaltsstoffe

4.4 Die etherischen Öle verschiedener Johanniskraut-Arten

Viele Johanniskraut-Arten besitzen dunkle Sekretbehälter, alle Arten, die vom Autor untersucht wurden, besitzen jedoch helle Sekretbehälter. Oftmals sind sie durchscheinend, d.h. daß die Blätter wie durchstochen aussehen. Sticht man einen solchen Sekretbehälter mit einer Nadel an, so kann man unter der Lupe sehen, daß eine klare, zähe Flüssigkeit austritt, die nach Harz riecht. Der harzige Geruch des Johanniskrautes wurde schon in den alten Kräuterbüchern mehrfach beschrieben. Vermutlich hielt man damals das gesamte Sekret für Harz, während es in Wirklichkeit ein Gemisch von etherischem Öl mit harzähnlichen Stoffen sein dürfte. In der neueren Literatur fanden sich nur wenige Veröffentlichungen über das etherische Öl von Hypericum perforatum; über das Öl anderer Johanniskraut-Arten lagen überhaupt keine Angaben vor.

4.4.1 Methodik

Der geringe Gehalt der Johanniskraut-Arten an etherischem Öl erfordert eine Apparatur, mit der kleinste Ölmengen genau bestimmt werden können. Außerdem enthält das Öl einen leichtflüchtigen Bestandteil, so daß die Verwendung der DAB-Methode nicht ratsam erscheint. Um möglichst genaue Werte zu bekommen, wurde schließlich mit Erfolg die Karlsruher Apparatur verwendet (1951–52 von E. STAHL [41] entwickelt (Dreiwegehahn), vom Autor für die Bestimmung kleiner Mengen etherischen Öls verbessert).

Bei dieser Apparatur befindet sich die gesamte Menge an Pentan und etherischem Öl während der Destillation innerhalb des Kühlmantels an der Einflußstelle des Kühlwassers. Ein Verlust leichtflüchtiger Anteile ist hierdurch nahezu ausgeschlossen. Da für einen genauen Vergleich verschiedener Destillationen eine gleichbleibende Umlaufgeschwindigkeit des Kondensationswassers, das ja wieder in den Kolben zurückläuft, notwendig ist, wird zur Kontrolle der Destillationsgeschwindigkeit oberhalb der Meßkapillare das Druckausgleichrohr graduiert. So werden Differenzen in der Umlaufgeschwindigkeit, wie sie z.B. durch verschiedenstarke Beheizung auftreten können, weitgehend ausgeschaltet. Die Destillation wird so geregelt, daß innerhalb von 30 Sekunden 1 ml Flüssigkeit übergeht. Durch die Graduierung ist es auch möglich, jederzeit die vorgelegte Pentanmenge genau abzulesen.
Für Gehaltsbestimmungen wurden meist 30 g Droge, bei Dichtebestimmungen 100 g und mehr verwendet.
Normalerweise wurde grobgeschnittene Droge destilliert. Werden die getrockneten Johanniskrautpflanzen gepulvert und erst dann destilliert, so geht ein beträchtlicher Teil des etherischen Öles verloren. Der Verlust an etherischem Öl betrug bei gepulverten gegenüber geschnittenen Drogen 35–40 %, je nachdem, auf welche Art das Pulverisieren vorgenommen wurde.
(Diese Beobachtung wurde auch bei anderen etherischen Ölpflanzen, z.B. Pfefferminze gemacht. Es ist also grundsätzlich zu raten, Drogen nicht zu pulvern, da hierbei ein Verlust an etherischem Öl auftritt. Ob die Infusionsbeutel von Kräutertees, die meistens gepulverte Droge enthalten, nicht ebenfalls einen erheblichen Aromaverlust bedingen, müßte in gesonderten Untersuchungen festgestellt werden.)
Es wurde 1/2 bis 1 ml Pentan vorgelegt. Die Destillationsdauer betrug bei Vergleichsbestimmungen 4 Stunden. Das Gemisch von

Chemie und Pharmazie der Inhaltsstoffe

Die Entstehung der „Karlsruher Apparatur"

1950 befaßte sich EGON STAHL im Botanischen Institut Karlsruhe mit der Bestimmung etherischer Öle in Drogen. Er stellte hierbei fest, daß bei Drogen, die nur wenig etherisches Öl enthalten, die bis dahin übliche Bestimmungsapparatur nach MORITZ nicht geeignet ist; es ist damit nicht möglich, präzise genug geringe etherische Ölmengen vom Destillationswasser abzutrennen. Er entwickelte deshalb eine abgeänderte Apparatur nach MORITZ mit einem Dreiwege-Hahn. Diese Apparatur wurde dem Autor zur Verfügung gestellt und wie folgt verbessert: Der Kühler wurde so ausgebildet, daß auch das Steigrohr, in dem Pentan vorgelegt wurde, mitgekühlt wurde. Außerdem wurden sowohl am Kühler wie an der Zuleitung zum Dreiweg-Hahn Graduierungen angebracht, um sowohl die Menge des vorgelegten Pentans als auch die Menge des insgesamt übergehenden Gutes genau ablesen zu können.

Mit dieser „Karlsruher Apparatur" wurden auch die vom Autor in der Apothekerzeitung 1952 veröffentlichten etherischen Ölbestimmungen von Hypericum-Arten vorgenommen. Auf Wunsch von STAHL wurden jedoch keine Angaben über die verwendete Apparatur gemacht, da er selbst zu dieser Zeit eine Veröffentlichung über die Apparatur in Vorbereitung hatte [41].

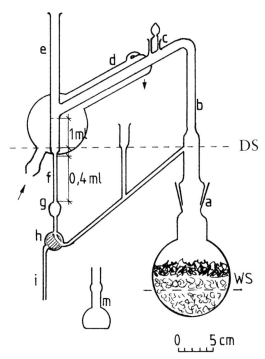

Abb. 32: Die verbesserte „Karlsruher" Apparatur. Der Kolben ist für eine „Dampfdestillation" beschickt.
    a Normalschliff 29, *b* Steigrohr, *c* Spülstutzen, *d* Kühler, *e* Druckausgleichrohr mit Graduierung („Trennrohr"), *f* Meßkapillare mit 1/200-Teilung, *g* Olive, *h* Dreiweghahn, *i* Ablaßrohr, *l* Füllstutzen, *m* Mikrokölbchen, WS Wasserspiegel im Kolben, DS Wasserhöhe im Umlaufsystem.

etherischem Öl mit Pentan wurde nach der Destillation in ein Mikrokölbchen gefüllt und das Pentan im Trockenschrank bei 80 °C abgedampft. Wird das Pentan bei 50 °C abgedampft, so ist ein längerer Zeitraum als 10 Minuten erforderlich, es geht mehr etherisches Öl verloren. Vor allem leichtflüchtige Anteile scheinen sich eher beim längeren Erhitzen auf 50° C als bei kurzem Erhitzen auf 80° C zu verflüchtigen.

Viele der gewonnenen Öle erstarren schon nach kurzer Zeit und die Bestimmung der Brechungsindizes bei Zimmertemperatur ist nicht mehr möglich.
Bei jeder Gehaltsbestimmung wurde der Ölgehalt gravimetrisch ermittelt und anschließend der Brechungsindex bei 20 °C mit dem Abbé-Refraktometer von Zeiss gemessen. (Kühlung auf 18 °C und Erwärmung auf 22 °C veränderten die gefundenen Werte nicht.)

4.4.2 Normbestimmungen für die etherische Öldestillation aus getrockneter Droge

1. Es werden 100 g Droge verwendet.
2. Die Droge wird in einer Papiertüte (gut durchlässiges Papier) 24 Stunden im Trockenschrank bei 40 °C aufbewahrt, nachdem sie vorher mehrere Tage in einem trockenen Raum lag.
3. Es werden Kolben von 2 l mit 1 l Aqua dest. gefüllt, oder 1 l mit 1/2 l Aqua dest.
4. Dieser Kolben wird stark angeheizt und bei beginnender Destillation mit etwas verminderter Energie 8 Stunden lang destilliert.
5. Von Anfang an wird intensiv gekühlt und immer mindestens soviel Pentan vorgelegt, daß es 1 cm hoch in der Röhre „e" (Abb. 32) steht.
6. Durch Drehen des Dreiweghahnes „h" wird zunächst das Umlaufwasser aus den Rohren „f, g und i" entfernt und dann das Gemisch von etherischem Öl mit Pentan in das Mikro-Kölbchen „m" gefüllt.
7. In einem Trockenschrank von genau 80 °C verbleibt das Mikrokölbchen genau 10 Minuten (Wecker) zum Abdampfen des Pentans.
8. Das etherische Öl wird gewogen.
9. Der Brechungsindex wird im ZEISS-Refraktometer bestimmt.

Für die Bestimmungen wurde die „Karlsruher Apparatur" verwendet. Sie hat sich, besonders zur Bestimmung kleiner Mengen von etherischen Ölen in Drogen, gut bewährt. Auch ist es mit ihr möglich, gut reproduzierbare Ergebnisse zu erhalten. Mehrere unter gleichen Bedingungen vorgenommene Probedestillationen der gleichen Droge ergaben Abweichungen von maximal 0,3 Promille.

4.4.3 Untersuchungsergebnisse

Beim Vergleich der Tabellen 13 u. 14 fällt auf, daß die „krautartigen" Pflanzen einen anderen jahreszeitlichen Gehalt an etherischem Öl haben wie die Sträucher, bei denen der Gehalt mit zunehmender Verholzung der Stengel sinkt.

Alle Öle der untersuchten Johanniskrautarten sind hellfarbig, meistens hellgelb, manchmal auch gelb-grün. Sie riechen angenehm krautig mit leichter Tannenduftnote. Einige der Öle der strauchigen Arten haben einen sandelholz-ähnlichen Geruch; die Öle der Früchte riechen bei den Sträuchern Hypericum androsaemum und Hypericum patulum ähnlich wie Terpentinöl. Öle, die lange (7 Stunden) destilliert wurden, erstarren meist rasch zu einer undurchsichtigen, feingranulierten, weißlichen Masse, so daß die Brechungsindizes nur schlecht oder gar nicht bestimmt werden können; vor allem die Öle der behaarten Arten Hypericum hirsutum und Hypericum tomentosum zeigen dieses Verhalten. Alle vom Autor selbstangebauten Arten der Gattung Hypericum (siehe Tab. 13, 14, 15) enthielten etherisches Öl in Stengeln, Blättern und Blüten. Der Gehalt ist in den einzelnen Pflanzenteilen unterschiedlich hoch und unterliegt bei der gan-

Tabelle 13: Gehalt der einzelnen Pflanzenteile von Hypericum perforatum L. an etherischem Öl (selbstgezogene Pflanzen)

Erntedatum	Destillationsdauer in Stunden	Destillierter Pflanzenteil	Etherisches Öl %	Brechungsindex nD 20°
12. 9. 50	4	frisches ganzes Kraut	0,054	1,4690
19. 9. 50	2,5	frische Blüten mit Früchten	0,099	1,4850
21. 9. 50	4	frisches Kraut obere Teile	0,070	1,4833
17. 7. 51	4	frische Blüten ohne Früchte	0,092	1,4700
8. 10. 50	4	ganzes Kraut getrocknet	0,132	1,4656
8. 10. 50	4	nur Blüten und Blätter	0,169	1,4725
8. 10. 50	4	nur Blüten und Blätter	0,168	1,4723
8. 10. 50	4	nur Stengel	0,056	1,4710
8. 10. 50	4	nur Stengel	0,059	1,4680

Tabelle 14: Der Gehalt an etherischem Öl bei Hypericum androsaemum L. (selbstgezogene Pflanzen) – Jahreszeitliche Schwankung –

Erntedatum	Destillationsdauer in Stunden	Destillierter Pflanzenteil	Etherisches Öl %	Brechungsindex nD 20°
11. 5. 51	4	15 cm lange Triebe ohne Blüten	0,157	1,4870
11. 6. 51	4	50 cm lange Zweige ohne Blüten	0,150	1,4850
5. 7. 51	4	50 cm lange Zweige mit Blüten	0,130	1,4850
13. 9. 50	4	50 cm lange Zweige mit Früchten	0,106	1,4700
21. 9. 50	4	frische reife Früchte	0,124	1,4670

Chemie und Pharmazie der Inhaltsstoffe

zen Pflanze einer jahreszeitlichen Schwankung. Die krautigen Arten erreichen ihren Höchstwert zu Beginn der Blütezeit, die strauchigen dagegen schon zu Beginn der Vegetationsperiode. Der Gehalt an etherischem Öl ist aber gering und beträgt 0,07 bis 0,6 % (Ausnahme: H. balearicum, s. S. 119). Im Geruch sind die Öle der verschiedenen Johanniskraut-Arten ähnlich, fast alle erstarren nach einiger Zeit bei Zimmertemperatur, vermutlich durch den Gehalt an geradkettigen Kohlenwasserstoffen (s. S. 115).

Tabelle 15: Der Gehalt verschiedener Johanniskrautarten an etherischem Öl (selbstgezogene Pflanzen)

Erntedatum	Artname	Herkunft des Samens oder der Pflanzen*)	Destillierter Pflanzenteil	Etherisches Öl %	Brechungsindex nD 20°
11. 9. 51	acutum	Bremen	ganzes Kraut	0,140	1,4690
20. 9. 52	ägypticum	Braunschweig	ganzes Kraut	0,565	1,4710
5. 7. 51	androsaemum	Karlsruhe	Stengel, Blätter, Blüten	0,130	1,4850
24. 9. 52	aureum	Heidelberg	Kraut ohne Früchte	0,101	nicht bestimmt
20. 9. 51	calycinum	Utrecht	ganzes Kraut **)	0,119 0,120	1,5010 1,5015
11. 9. 51 8. 11. 51	Degenii Degenii	Mainz Mainz	ganzes Kraut, abgewelktes Herbstkraut	0,106 0,087	1,4770 1,4790
15. 10. 51	elatum	Freiburg	ganzes Kraut **)	0,110 0,106	1,5030 1,5025
20. 9. 51	hircinum	Wageningen	ganzes Kraut **)	0,135 0,139	1,4870 1,4830
20. 9. 51	hirsutum	Zürich	ganzes Kraut	0,108	1,4590
20. 9. 51	Kotschyanum	Istanbul	ganzes Kraut **)	0,125 0,120	1,4998 1,5050
24. 9. 51	maculatum	Bremen	ganzes Kraut	0,200	1,4940
11. 9. 51	montanum	Mainz	ganzes Kraut	0,121	1,4780
4. 6. 51	olympicum	Karlsruhe	Stengel und Knospen	0,335	1,4770
1. 6. 52	olympicum	Karlsruhe	Blüten und Kelche	0,175	1,4913

Tabelle 15: *Fortsetzung*

Erntedatum	Artname	Herkunft des Samens oder der Pflanzen*)	Destillierter Pflanzenteil	Etherisches Öl %	Brechungsindex nD 20°
8. 5. 52	orientale	Stockholm	ganzes Kraut	0,211	1,4900
11. 9. 51	orientale	Stockholm	ganzes Kraut **)	0,160 0,158	1,4960 1,4980
15. 6. 51	patulum	Karlsruhe	ganzes Kraut	0,150	1,4800
24. 9. 52	patulum	Karlsruhe	nur Früchte	0,606	1,4540
3. 7. 51	perforatum	Karlsruhe s. Tab. 13	ganzes Kraut	0,220	1,4820
20. 9. 51	Przewalskii	Stockholm	ganzes Kraut **)	0,132 0,122	1,4890 1,4910
11. 9. 51	pulchrum	Bremen	ganzes Kraut	0,134	1,4840
10. 9. 51	quadrangulum	Wildbad	ganzes Kraut	0,114	1,4545
11. 9. 51	tetrapterum	Bremen	ganzes Kraut	0,169	1,4675
20. 9. 51	tomentosum	Freiburg	ganzes Kraut	0,073	1,4817
24. 9. 52	virginicum	Heidelberg	ganzes Kraut	0,230	1,5042

*) Die Heimatländer der einzelnen Hypericum-Arten sind aus der Tabelle 3 S. 67 zu entnehmen.
**) Kontrollbestimmung

4.4.4 Bestandteile der etherischen Öle von Hypericum-Arten

Nach den 1950–52 vom Autor vorgenommenen Untersuchungen [38 a] haben sich C. MATHIS und G. OURISSON [33] mit den etherischen Ölen von Hypericum-Arten beschäftigt und mit Hilfe der Gas- und Dünnschichtchromatographie eine Anzahl Verbindungen nachgewiesen. Sie fanden 2-Methyloctan, n-Nonan, n-Undecan, α-Pinen, β-Pinen, Limonen, Myrcen, Caryophyllen, α-Terpineol, Geraniol, Octanal, Decanal und 2-Methyldecan. Die gleichen Verfasser untersuchten die Verteilung von 6 Kohlenwasserstoffen in einer Anzahl von Hypericum-Arten (siehe Tabelle 16).

1966 gewannen J. CARNDUFF, K. R. HARGREYVES und A. NECHVATAL aus den unreifen Samen von Hypericum androsaemum L. durch Wasserdampfdestillation ein gelbes Öl, das zu 92 % aus α-Terpineol sowie aus einem Gemisch geradkettiger Kohlenwasserstoffe ($C_{19}H_{40}$, $C_{21}H_{44}$ und $C_{23}H_{48}$) bestand [21].
Aus den Samen von Hypericum elatum Ait. stammendes Öl enthielt 90 % α-Terpineol sowie die Kohlenwasserstoffe $C_{27}H_{54}$ und $C_{29}H_{60}$ [21].
1981 gewannen F. CHIALVA u.a. durch Wasserdampfdestillation aus den getrockne-

Chemie und Pharmazie der Inhaltsstoffe

ten Blütenständen von Hypericum perforatum L. etherisches Öl und untersuchten es gaschromatographisch und massenspektrometrisch. Hierbei fanden sie 29 Verbindungen, davon 21 zum ersten Mal in diesem Öl. Es handelte sich vor allem um gesättigte aliphatische Kohlenwasserstoffe mit verzweigter und unverzweigter Kette [23]. In Tabelle 17 ist das Ergebnis der Untersuchungen wiedergegeben.

M. L. CARDONA u.a. isolierten aus dem Hexanextrakt von Hypericum ericoides neben einem Wachs etherisches Öl und analysierten es mit Gaschromatographie und Massenspektroskopie. Sie fanden Monoterpene, Sesquiterpene, aliphatische geradkettige C_8- bis C_{11}-Kohlenwasserstoffe, Sesquiterpenalkohole und aliphatische langkettige Säuren (C_8 bis C_{12}, C_{16} und C_{18}) [20].

Bei eigenen Untersuchungen wurde festgestellt, daß jede der untersuchten Johanniskrautarten etherisches Öl enthält; dies deckt sich auch mit den Ergebnissen von MATHIS und OURISSON [33]. Obwohl nur von sehr wenigen Johanniskraut-Arten genauere Untersuchungen über die Zusammensetzung des etherischen Öles vorliegen, ist doch davon auszugehen, daß erhebliche Schwankungen bei den Inhaltsstoffen vorliegen, so daß Analogschlüsse nicht gezogen werden können.

Tabelle 16: Etherische Ölbestandteile in verschiedenen Hypericum-Arten

ENGLER und PRANTL Sektion		Artnamen	Monoterpenalkohol	gesättigte Aldehyde	Sesquiterpene
VI	Eremanthe	H. calycinum L.	+ + + (G,T)	+	−
VIII	Norysca	H. patulum Thunb.	+ + (G,T ?)	−	−
		H. hookerianum Wight et Arn.	+ + (G,T ?)	−	−
IX	Roscyna	H. ascyron L.	+	−	+ + (H)
		H. gebleri Ledeb.	?	?	+ + (H)
	Androsaemum	H. androsaemum L.	+ + (G,T ?)	−	−
		H. hircinum L.	+ + (G,T)	+	−
		H. elatum Ait.	+	−	+
		H. inodorum	−	−	+ +
XIV	Euhypericum	H. olympicum L.	−	−	+ + +
		H. orientale	−	+ +	+ (H)
		H. humifusum L.	−	−	−
		H. montanum L.	−	+ + (O,D)	+ + (C?)
		H. pulchrum L.	−	+ + (O,D)	+ + (C?)
		H. degenii Bornm.	−	−	+ +
		H. hirsutum L.	−	+ + +(O,D)	+ + (H,C?)
		H. undulatum Schousb.	−	+ +	+
		H. tetrapterum Fries	−	+ + +(O,D)	+
		H. quadrangulum L.	−	+ + (O,D)	+ + (H,C?)
		H. quadrangulum L.	−	− (O,D)	+ + + (H,C?)
		H. perforatum L.	Spuren	+ (O,D)	+ + + (H,C)

− : Völliges Fehlen bzw. nur Spuren, nicht mit Sicherheit nachweisbar.
+ : Weniger als 10 % der schweren Fraktion.
+ + : 10 bis 40 % der schweren Fraktion.
+ + + : Mehr als 40 % der schweren Fraktion.
? : Bei den Angaben zu den Monoterpenalkoholen und den Sesquiterpenen, die mit einem Fragezeichen versehen sind, ist der Nachweis unvollständig.

O: n-Octanol D: n-Decanal
G: Geraniol T: α-Terpineol
C: Caryophyllen H: Humulen

Die Sektionen wurden gemäß dem System von ENGLER und PRANTL geordnet (siehe Tab. 6). Die Art H. quadrangulum ist zweimal und mit differierenden Ergebnissen aufgeführt.

α-Terpineol d_D^{20} 0,9338
Brechungsindex n_D^{20} 1,4818

Geraniol d_4^{20} 0,8894
Brechungsindex n_D^{20} 1,4766

Humulen [43]

β-Caryophyllen [43]

d_4^{17} 0,952

Brechungsindex n_D^{15} 1,5030

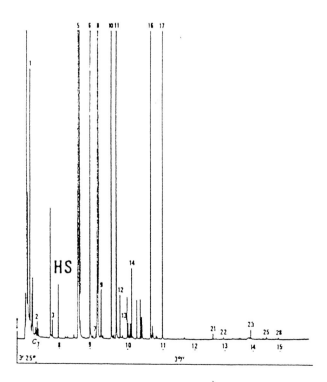

Abb. 33: Chromatogramm des etherischen Öls von Hypericum perforatum L.

Tabelle 17: Bestandteile des etherischen Öls von Hypericum perforatum L., siehe Chromatogramm in Abb. 33

Peak Nr.	Bestandteile	% Öl	% Headspace
1	2-Methyl-3-buten-2-ol	0,2	1,5
2	Isobutylpropionat	0,1	< 0,1
3	Hexanal	< 0,1	< 0,1
4	2-Hexenal	< 0,1	
5	2-Methyloctan	16,4	64,2
6	Nonan	3,4	9,7
7	Thujen	< 0,1	
8	α-Pinen	10,6	16,6
9	Camphen	0,1	
10	6-Methyl-5-hepten-2-on	2,1	1,4
11	3-Methylnonan	3,2	3,9
12	Myrcen	0,2	
13	Decan	0,5	
14	α-Terpinen	1,7	
15	p-Cymen	0,9	
16	Isoundecan	3,1	0,7
17	Undecan	3,2	0,7
18	Campher	0,6	
19	Terpinen-4-ol	0,7	
20	Geraniol	0,2	
21	Isotridecan	1,2	
22	Tridecan	0,5	
23	Caryophyllen	3,0	
24	Humulen	1,7	
25	Dodecanol	5,0	
26	β-Cubeben	0,6	
27	Calamenen	0,8	
28	γ-Cadinen	1,0	
29	Caryophyllenoxid	2,5	

Chemie und Pharmazie der Inhaltsstoffe

Nach dem Aussehen bestand immer der Eindruck, daß Hypericum balearicum neben Hypericum Sampsori Hanke besonders viel etherisches Öl enthält. Zur Destillation war jedoch zunächst nicht genügend Material zu beschaffen, erst Ende August 1989 erhielt der Autor im Karlsruher Botanischen Garten zwei Zweige mit einem Gesamtgewicht von 16 g, inbegriffen einige Zentimeter verholzter Stengel, vier grüne Früchte und einige Blüten. Eine dreistündige Destillation mit der Karlsruher Apparatur ergab 152 mg etherisches Öl, was einem Gehalt von 0,95 % entspricht.

Hierbei muß berücksichtigt werden, daß die beiden Pflanzen im Topf gezogen und im Freien waren, also nicht den optimalen Bedingungen (Mittelmeerheimat) entsprachen.

Tabelle 18: Zusammensetzung des etherischen Öls von Hypericum balearicum L. (Prof. Kubezcka, Hamburg)

Bestandteil	peak area percentages	CAS-Nr.
α-Pinen	25.95	80 – 56 – 8
Camphen	0.44	79 – 92 – 5
β-Pinen	55.19	127 – 91 – 3
Sabinen	0.06	3387 – 41 – 5
Myrcen	1.64	125 – 35 – 3
α-Phellandren	0.03	99 – 83 – 2
α-Terpinen	0.29	99 – 86 – 5
Limonen	2.34	138 – 86 – 3
β-Phellandren	0.42	555 – 10 – 2
γ-Terpinen	0.56	99 – 85 – 4
p-Cymen	0.05	99 – 87 – 6
Terpinolen	0.73	586 – 62 – 9
Citronellal	0.11	106 – 23 – 0
Linalool	0.36	78 – 70 – 6
Terpinen-4-ol	0.27	562 – 74 – 3
α-Terpineol	2.64	98 – 55 – 5
Citronellol	0.08	106 – 22 – 9
Myrtenol	0.11	515 – 00 – 4
Elemol	0.62	639 – 99 – 6
oxidiertes Sesquiterpenoid	0.78	
oxidiertes Sesquiterpenoid	2.29	
oxidiertes Sesquiterpenoid	2.48	
total	97.44	

Tabelle 19: Petrolether und etherlösliche Bestandteile verschiedener Johanniskraut-Arten
(jeweils selbstgezogene Pflanzen, soweit nicht anders vermerkt)

Art	extrahierter Pflanzenteil	Erntemonat	petrol-etherlösl. %	ether-löslich %	Gesamt-ether-lösliches %
H. acutum	ganzes blühendes Kraut	August	3,2	1,47	4,67
H. androsaemum	Kraut ohne Blüten	Mai	2,54	–	–
H. Degenii	ganzes blühendes Kraut	September	4,03	0,87	4,9
H. hirsutum	Blätter, Blüten	Juli	2,52	2,55	5,07
H. maculatum	blühendes Kraut gewelktes Kraut	August November	1,99 –	0,79 1,90	2,78 1,90
H. montanum	ganzes blühendes Kraut	Juli	1,75	0,84	2,59
H. olympicum	Kraut mit Blüten Blüten Blätter, Blüten	Mai Juni September	11,32 10,52 5,82	2,77 1,14 3,33	14,09 11,66 9,15
H. orientale	Kraut ohne Blüten	Mai	5,42	0,51	5,93
H. perforatum – unbek. Handels-ware – selbst gezo-gene Pflan-zen	Herba Hyp. tot Herba Hyp. tot Blüten u. Früchte Blüten u. Knospen Staubblätter Samen, zerquetscht	 Oktober Oktober Juli Juli November	3,2 6,18 13,5 7,35 2,66 24,2	1,47 1,76 1,34 3,43 0,98 –	4,67 7,94 16,93 10,78 3,64 –
H. pulchrum	Blätter	Mai	3,95	2,78	6,73
H. quadrangulum	Blüten u. Blätter	Juni	5,28	2,45	7,73
H. Rhodopeum	Kraut u. Blüten	November	4,50	1,44	5,94
H. tetrapterum	ganzes blühendes Kraut	Juli	4,02	2,82	6,84
H. tomentosum	Blätter	September	4,8	2,06	6,86

4.5 Fette, Wachse und etherlösliche Bestandteile

In Tabelle 19 ist der Gehalt an petrolether- und etherlöslichen Bestandteilen angegeben. Hierbei muß beachtet werden, daß zuerst eine Petroletherextraktion im Soxhlet vorgenommen wurde, **danach mit der gleichen Droge** eine Etherextraktion. Die beiden gefundenen Werte müßten also bei einer Extraktion nur mit Ether addiert werden. Die Extraktionszeiten betrugen jeweils 24 h.

Die mit Petrolether erhaltenen Fette wiesen folgende Eigenschaften auf:

Tabelle 20: Eigenschaften des Petrolether-löslichen Fette

Art	Ausgangs- material	Extraktions- dauer	spez. Dichte	Brechungs- index	Fp	Farbe
H. perforatum	Handelsdroge	24 – 48 h	0,924	$n_{50}^{D} = 1,465$	36 °C	gelb
H. perforatum	Handelsdroge	2 – 4 Wochen	–	$n_{50}^{D} = 1,483$	45 °C	braun- grün
H. perforatum	Samen zerquetscht	24 – 48 h	–	–	20 °C	grau- grün

Im **Fett-Wachs-Gemisch**, das man bei der Petrolether-Extraktion erhält, befinden sich die Paraffine C_{28} und C_{30} sowie die Wachsalkohole C_{24}, C_{26} und C_{28}. Quantitative Bestimmungen hierüber liegen aber bisher nicht vor.

Der **Chlorophyllgehalt** der trockenen Handelsdroge wurde kolorimetrisch mit durchschnittlich 0,75 % errechnet.

Tabelle 21: Gehalt an wasserlöslichen Stoffen

Ausgangsmaterial	Extr.- Zeit	Hypericum- Art	Pflanzenteil	Gehalt
Wasserextrakt kochen (bezogen auf Frischgewicht)	2,5 h	H. perforatum	frische Blüten	9,5 % Gesamt- wasserextrakt
	2,5 h	H. perforatum	frisches Kraut	9,6 % Gesamt- wasserextrakt

4.6 Literaturverzeichnis

[1a] AKTHARDZHIEV, K. et al.: Farmatsiya (Sofia) 24, 17–20 (1974)

[1] BANKS, H. J. et al.: Austr. J. Chem. 29, 1509–1521 (1976)

[2] BERGHÖFER: Deutsche Apothekerzeitung, 126, 2569 (1986)

[3] BERGHÖFER: Dissertationes Botanicae, Bd. 106 (1987)

[4] BERGHÖFER und HÖLZL: Planta Medica 53, 216 (1987)

[5] BROCKMANN, H., M. N. HASCHAD et al.: Über das Hypericin, den photodynamisch wirksamen Farbstoff aus H. perforatum, Naturwissenschaften, 27, 550 (1939)

[6] BROCKMANN, H., F. KLUGE: Zur Synthese des Hypericins, Naturwissenschaften, 38, 141 (1951)

[7] BROCKMANN, H., MUXFELD, H.: Die Synthese des Hypericins, Naturwissenschaften, 40, 411 (1953)

[8] BROCKMANN, H. und W. SANNE: Pseudohypericin, ein neuer Hypericum-Farbstoff, Naturwissenschaften, 40, 461 (1953)

[9] BROCKMANN, H. und G. PAMPUS: Die Isolierung des Pseudohypericins, Naturwissenschaften, 41, 86 (1954)

[10] BROCKMANN, H., F. KLUGE und H. MUXFELD: Totalsynthese des Hypericins, Chem. Berichte 90, 2302–2318 (1957)

[11] BROCKKMANN, H. und W. SANNE: Zur Kenntnis des Hypericins und Pseudohypericins, Chem. Berichte 90, 2480–2491 (1957)

[12] BROCKMANN, H. und H. EGGERS: Synthese des Photohypericins und Hypericins aus Emodinanthron (9), Chem. Berichte 91, 547–553 (1958)

[13] BROCKMANN, H. und D. SPITZNER: Die Konstitution des Pseudohypericins, Tetrahedron Letters 37–40 (1975)

[14] BROCKMANN, H., U. FRANSSEN, D. SPITZNER und H. AUGUSTINIAK: Die Isolierung und Konstitution des Pseudohypericins, Tetrahedron Letters 1991–1994 (1974)

[15] BRONDZ, I. et al.: Tetrahedron Letters 23, 1299–1300 (1982)

[16] BUCHNER, A.: Buchners's Report, Pharm. 34, 217 (1830)

[17] BYSTROV, N. S. et al.: Bioorganicheskaya Khimiya 4, 791–797 (1978)

[18] CAMERON, D. W. und W. D. RAVERTY: Austr. J. Chem. 29, 1523–1533 (1976)

[19] CAMERON D. W. et al.: Austr. J. Chem. 29, 1535–1548 (1976)

[20] CORDONA, M. L. et al.: Lipids 18, 4339–4442 (1983); Nach C. A. 99, 50306 u (1983)

[21] CARNDUFF, J., K. R. HAGREYVES und A. NECHVATAL: Phytochemistry 5, 1029 (1966)

[22] CZERNY: Zeitschrift für physiol. Chemie. S. 371, Zit. n. HASCHAD (1911)

[22a] CHAPLINSKAYA, M. G.: Nekotorye Voprosy Farm. Sbornik. 269 (1956)

[23] CHIALVA, F. et al.: Riv. ital. Essenze, Prof. 63, 286–288 (1981)

[24] DEBSKA: Herba Pol. 28 (1–2), 21–29, (1982)

[25] DIETRICH: Pharm. Zentralhalle 32, S. 683, Zit. n. HASCHAD (1891)

[25a] FREYTAG: Dt. Apothekerztg. 124 Nr. 46, 2383 (1984)

[26] GRIMS, M.: Acta Pharm. Jug. 9, 113–125 (1959)

[26a] GUNATILAKA, A. A. L. et al.: Phytochemistry 18, 182–183 (1979)

[27] GUREVICH, A. I. et al.: Antibiotici (Moskau) 510 (1971)

[27a] HAGENSTRÖM, U.: Dissertation, Hamburg (1953)

[28] HÖLZL, J., E. OSTROWSKI: Deutsche Apothekerzeitung 127 (23), 1227–1230, (1987)

[29] JERZMANOWSKA, Z.: Über das Hypericin, ein Glukosid von Hypericum perforatum L., Wiadomusci Farm. 64, 527 (1937)

[30] JOANNIDES: Comotes tendus des Siances et memoires de la société de Biologie, Bd. 105, S. 349 Zit. n. HASCHAD (1930)
[31] KITANOV, G. et al.: Khim. Prir. Soedin 524 (1978)
[32] KUCERA, M.: Ceskoslov. Farm. 7, 391–393 (1958)
[33] MATHIS, C. und G. OURISSON: Etudes Chimiotaxonomique du Genre Hypericum Phytochemistry 2, 157–170 (1963)/3, 115–131, 133–141, 377–378, 379 (1964)
[34] MICHALUK, A.: Dissertationes Pharmaceuticae 12, 311–323 (1960)
[35] MICHALUK, A.: Dissertationes Pharmaceuticae 13, 73–88 (1961)
[36] NIELSEN, H. und P. ARENDS: Phytochemistry 17, 2040–2041 (1978)
[37] OSTROWSKI, E.: Dissertation Marburg (1988)
[38] PACE N. und G. MACKINNEY: J. Amer. Chem. Soc. 63, 2570–2574 (1941)
[38a] ROTH: Dissertation Karlsruhe (1953)
[39] SIERSCH, E.: Anatomie und Mikrochemie der Hypericumdrüsen (Chemie des Hypericins), Plants 3, S. 481, (1927)
[40] SPRECHER, P., CASPARIS, F. und MÜLLER, H. J.: Untersuchungen über natürliche Flavonolglykoside, Pharm. acta Helvetiae 21, S. 341 (1946)

[41] STAHL, E.: Chromatographische und mikroskopische Analyse von Drogen, Gustav Fischer Verlag, Stuttgart, 1970; Dummschichtchromatographie, ein Laboratoriumshandbuch, Springer Verlag, Heidelberg (1967)
[41a] STEINBACH, R. A.: Zeitschrift für angewandte Phytotherapie VI, 221–224 (1981)
[42] VANHAELEN, J.: Chromatogr. 281, 263–271 (1983)
[43] WOHLFAHRT, R.: Beiträge zum Nachweis sedativ-hypnotischer Wirkstoffe in Humulus lupulus L., Dissertation (1982)
[44] WOLFF: Pharm. Zentralhalle 36, S. 193, Zit. n. HASCHAD, (1895)

Weiterführende Literatur:

BROCKMANN, H. und H. EGGERS: Angewandte Chemie 67, 706 (1955)
BROCKMANN, H.: Photodynamisch wirksame Pflanzenfarbstoffe, Fortschritt der Chem. org. Naturstoffe 14, 141–177 (1957)

5. Medizin

5.1 Indikationen von Johanniskrautzubereitungen in der medizinischen und volksmedizinischen Literatur

In der Einleitung wurde schon darauf hingewiesen, daß die Johanniskraut-Arten und ihre Zubereitungen seit 2000 Jahren zum Arzneimittelschatz der Ärzte gehören. Mit dem Niedergang der Phytotherapie zu Ende des letzten Jahrhunderts und im ersten Drittel dieses Jahrhunderts wurde die Heilpflanze immer weniger verwendet. Nachdem es aber durch neuere Methoden gelungen war festzustellen, daß die Pflanze durchaus wirksame Bestandteile enthält und von den Inhaltsstoffen der Pflanze auch bei einigen recht genau festzustellen, auf welche Weise sie wirken, wendete sich die Pharmazie den Johanniskraut-Arten, insbesondere Hypericum perforatum, vermehrt zu, so daß heute eine ganze Anzahl deutscher und ausländischer Arzneimittelfabriken Präparate herstellen, die Johanniskrautauszüge, neuerdings auch Hypericin verwenden. Nachstehend soll ein Überblick über die heutige medizinische Verwendung der Johanniskraut-Arten und ihrer Inhaltsstoffe gegeben werden.

Das Ergänzungsbuch zum DAB 6 führt Herba und Olio hyperici erstmals wieder in einer Pharmakopöe auf. Heute ist auch Johanniskraut im DAB 9 enthalten; es gibt hierüber eine Monographie (siehe S. 130). Auch Oleum hyperici ist in der Deutschen Pharmakopöe und der Europäischen Pharmakopöe aufgeführt. Die pharmazeutische Industrie stellt heute allein in der Bundesrepublik Deutschland über 80 Präparate her, die Johanniskraut als wirksamen Bestandteil enthalten, oder bei denen Johanniskraut neben anderen Drogen mitverwendet wird.

In neuester Zeit haben sich HÖLZL und Mitarbeiter eingehend mit den Inhaltsstoffen von Johanniskraut befaßt und hierüber mehrere Arbeiten veröffentlicht [28]. Die Gruppe forscht auch weiterhin an Hypericum.

Nachstehend drei Beispiele für Arzneimittel mit Johanniskrautextrakt:

Hyperforat®
Klein

Zus: – Drg.: 1 Drg. enthl.: Extr. sicc. Herb. Hyperici perf. 40 mg, (ca. 0,05 mg Hypericin u. verwandte Verbindungen, ber. auf Hypericin pro Drg.), Vit. B-Komplex 1 mg.
– Tropf.: 100 g enth.: 100 g Extr. fl. Herb. Hyperici perf. (ca. 0,2 mg Hypericin u. verwandte Verbindungen, ber. auf Hypericin pro ml).
– Amp.: 1 Amp. enth.: 1 ml Extr. fl. aquos. Herb. Hyperici perf., (ca. 0,05 mg Hypericin u. verwandte Verbindungen, ber. auf Hypericin pro ml).
Anw: Depressionen, bes. im Klimakterium, Angstzustände, nervöse Unruhe u. Erschöpfung, Wetterfühligkeit, Enuresis, Stottern.

Psychotonin® M Tinktur zum Einnehmen
Steiger

Zus: 100 ml enth.: Alkoholischer Drogenauszug (4 : 10) aus Hyperici herba 100,00 ml. Enthält 49 Vol.-% Alkohol.
Anw: Bei depressiven Verstimmungszuständen verschiedener Genese (z.B. bei sogen. larvierten Depressionen, wenn sich also eine depressive Verstimmung hinter körperlichen Beschwerden verbirgt, wie das häufig bei Kopfschmerzen, Herzrhythmusstörungen, Atembeschwerden und sonstigen Schmerzzuständen der Fall ist. Bei erschöpfungsbedingten depressiven Verstimmungszuständen, die sich in der Rekonvaleszenzphase nach schweren Erkrankungen zeigen, oder bei depressiven Verstimmungszuständen im Klimakterium, die sich als Schwunglosigkeit, Nervosität oder Angstzustände zeigen).

Sedariston®
Steiner

Zus: 1 ml (= 27 Tropf.) enth.: Alkoholische Auszüge (Extraktionsmittel: Ethanol 54,7 Vol.%) aus: Europäische Baldrianwurzel (Valerian. officinal) (1 : 10) 0,2 ml, Johanniskraut (Hyperic. perforat.) 0,15 – 0,2 ml entsprechend 1,5 µg Hypericin, Melissenblätter (Meliss. off.) (1 : 5) 0,2 ml.
Anw. Vegetative Dystonie (nervöse Stör. mit verschiedenen Beschwerden, wie: Unruhe, Einschlafstör., Magendruck, Schwindelgefühl, Herzklopfen und Herzbeklemmung).

Medizin

Tabelle 22: In der Literatur (s. S. 147) genannte Indikationsgebiete für Johanniskrautzubereitungen

Indikationsgebiet	Anzahl der Nennungen
Amputationsstumpfschmerzen	●
Anaemie	●
Antibakterielle Wirkung	●
Antidiarrhoicum	● ● ●
Blasenkrankheiten	●
Bettnässen, psychogen bedingt	● ● ● ● ●
Depressionen, funktionelle, z.B. nach Gehirnerschütterung	● ● ●
Depressionszustände ohne endogene Depressionen	● ● ● ● ● ● ● ● ●
Gallenorgane (auch krampflösend)	● ● ●
Gebärmutterentzündungen	●
Gelenkentzündung	●
Gemütsverstimmung	●
Gicht	●
Ischias	●
Kopfschmerzen	●
Leberbeschwerden	●
Lungenkrankheiten	●
Magen-Darmkatarrh	● ● ●
Magendrücken	●
Magengeschwüre	●
Menstruationsbeschwerden	●
Nervenschmerzen	● ● ●
Nervöse Erschöpfung	●
Nierenkrankheiten	●
Pavor nocturnus (Kind)	● ●
Periodenbeschwerden, krampfartig	●
Psychovegetatives Syndrom	● ●
Regelstörungen	● ●
Rheuma	●
Schlafstörungen	● ● ● ● ●
Stomatitis	●
Unruhe	● ●
Verdauungsstörungen	●
Verschleimung	●
Wechseljahrebeschwerden	● ● ●
Wurmmittel	●

5.2 Indikationen von Johanniskrautöl in der Literatur

Ein altes Hausmittel ist das Johanniskrautöl. Es geriet, wie so vieles in der Phytotherapie, Ende des letzten Jahrhunderts in Verruf und wurde sogar als „Placebo" (rotgefärbtes Öl) abgegeben. Der nachstehende Abdruck ist HAGERS Handbuch der pharmazeutischen Praxis von 1925 entnommen [4].

„Oleum Hyperici. Johanniskrautöl (Johannisöl). Wurde früher durch Digestion des getrockneten, mit Weingeist durchfeuchteten Johanniskrautes mit Öl hergestellt wie Ol. Hyoscyami. Im Handverkauf gibt man vielfach ein mit Alkannin rot gefärbtes Öl ab."

Der Nachweis von „Alkanna-Öl" ist einfach: Abgesehen davon, daß es nicht die charakteristische rote Fluoreszenz bei auffallendem Licht zeigt, verfärbt es sich mit Natronlauge unter Schütteln leuchtend kobaltblau. Echtes Oleum Hyperici dagegen wird schmutziggraugelb. Schüttelt man Methanol intensiv mit „Alkanna-Öl", so zeigt die methanolische Phase nach dem Absetzen eine Rosafärbung, während es bei echtem Johanniskrautöl farblos bleibt. Mit Hilfe dieser beiden Reaktionen lassen sich falsche und teilweise gefälschte Öle zuverlässig und schnell von einwandfreien Ölen unterscheiden.

Schon im Ergänzungsbuch 6 zum Deutschen Arzneibuch wurde die nachstehend aufgeführte Herstellungsweise angegeben. Das Verfahren ist ähnlich, wie es die Botanikerärzte des Mittelalters anwendeten, allerdings erneuerten sie damals die Hypericumblüten häufiger, wie z.B. bei MATTHIOLUS [12, S. 318] beschrieben. Es ist deshalb anzunehmen, daß solche Öle mehr Hypericin enthielten und daher auch wirksamer waren als die heute hergestellten.

Oleum Hyperici Erg.-B. 6:

„Frische Johanniskrautblüten	250 Teile
Olivenöl	1 000 Teile
Getrocknetes Natriumsulfat	60 Teile

Die Johanniskrautblüten werden zerquetscht, sofort mit dem Olivenöl in einem geräumigen weißen Glase übergossen und unter wiederholtem Umschütteln an einem warmen Ort der Gärung überlassen. Nach Beendigung der Gärung wird das Glas verschlossen und solange den Sonnenstrahlen ausgesetzt, bis das Öl eine leuchtend rote Farbe angenommen hat, was nach etwa 6 Wochen der Fall ist. Darauf wird abgepreßt, das Öl nach kurzem Stehen von der wässerigen Schicht abgehebert, mit dem getrockneten Natriumsulfat entwässert und filtriert. Johannisöl ist im durchscheinenden Licht rubinrot, im auffallenden Licht fluoreszierend dunkelrot bis gelbrot und riecht aromatisch. Unter der Analysenquarzlampe zeigt Johannisöl eine ziegelrote Fluoreszenz. – Mittlerer Gehalt: Als Wundöl unverdünnt."

Heute hat Johanniskrautöl wieder einen festen Platz in der Pharmazie. Eine gute Darstellung der Zubereitung und der Anwendungen findet sich bei PAHLOW [14]

So wird **Johanniskraut-Öl** hergestellt: Um Johanni herum, wenn sie sich gerade geöffnet haben, muß man die gelben Blüten des Johanniskrautes sammeln. Etwa 25 bis 30 Gramm frische Blüten werden zerquetscht und in einem Mörser oder in einer Reibschale zerrieben. Dann gibt man 1/2 Liter Olivenöl hinzu und vermischt es mit den zerriebenen Blüten. Der Ansatz wird in eine Weithalsflasche aus weißem Glas gefüllt, die zunächst unverschlossen bleibt. An einem warmen Ort überläßt man die Mischung unter gelegentlichem Umrühren etwa 5 Tage lang der Gärung. Dann wird die Flasche verschlossen und so lange dem Sonnenlicht ausgesetzt, bis ihr Inhalt eine leuchtend rote Farbe angenommen hat. Je nach Sonnenscheindauer und -intensität ist das in etwa 5 bis 7 Wochen der Fall. Erst jetzt darf abgegossen werden. Der Bodensatz wird ausgepreßt und das so gewonnene Öl noch einmal 1 Woche beiseite gestellt. In dieser Zeit trennt sich das Öl vom Wasser, das aus den frischen Blüten stammt. Das Öl wird vorsichtig abgegossen und in kleine Flaschen mit etwa 100 bis 200 Gramm Fassungsvermögen gefüllt, die an einem kühlen Ort aufbewahrt werden müssen.

Die Anwendung des Johanniskraut-Öls geht auf HIPPOKRATES zurück, den berühmtesten Arzt der Antike. Aber auch PARACELSUS, BOCK, MATTHIOLUS und andere bedeutende Autoren des Mittelalters loben es in den höchsten Tönen. Im Vordergrund der Anwendung als Hausmittel stehen die Wund- und Schmerzbehandlung.

Auflagen und Einreibungen: Man legt mit Öl getränkte Mulläppchen auf die Wunden oder die schmerzenden Stellen (mit oder ohne Verband). Auf diese Weise wird die Heilung gefördert oder der Schmerz beseitigt. Bei Kopfschmerzen reibt man einen Tropfen Johanniskraut-Öl an den Schläfen ein; bei Rheuma und Nervenschmer-

Medizin

zen massiert man die schmerzenden Stellen, bei der Gürtelrose betupft man die betroffenen Partien sehr vorsichtig mit diesem Öl. Solange bei der Gürtelrose allerdings noch Bläschen vorhanden sind, bedeckt man die kranken Stellen mit einem ölgetränkten Läppchen.
Trockene Haut kann während der Nacht mit Johanniskraut-Öl gepflegt werden; man wendet es an wie ein anderes Hautöl (vielleicht etwas sparsamer).
Innerlich gibt man bei Galle- und Leberbeschwerden, bei Magenstörungen, Schlafstörungen und Nervosität 2 bis 3mal pro Tag 1 Teelöffel Johanniskraut-Öl.
Hinweis: Während der Kur bitte nicht lange in die pralle Sonne gehen oder Sonnenbäder nehmen. Johanniskraut-Wirkstoffe machen lichtempfindlich.

Die in der Literatur aufgeführten Indikationen sind in Tabelle 23 zusammengestellt.

Eine ganze Reihe von pharmazeutischen Präparaten, die Hypericumextrakte (Hypericin und Pseudohypericin) enthalten, sind durch Patente geschützt. So ergab eine Auswertung der Datenbank Derwent die nachstehenden Anwendungen:

- Gefäßschützende, heilende und antibakterielle Wirkung
- Anwendung bei Bläschen im Mund, Grippe und Herpes-Virus-Infektionen
- Verwendung gegen Bakterien und Pilze
- Nachbehandlung bei Seborrhoe und Akne (wegen seiner keratoplastischen Aktivität)?
- Prophylaxe von Karies und Parodontose durch Hypericum-Öl in Zahnpaste und Mundwasser
- Spasmolytische und leberschützende Wirkung (zusammen mit Schöllkraut, Baldrian, Enzian und Hopfen)
- Bei einem medizinischen Bandage-Spray wird neben Hexachlorophen etc. auch Hypericumextrakt zugesetzt
- Für eine biologische Gesichtsmaske verwendet man eine Kombination von vielen Pflanzen, darunter Hypericumextrakt mit Honig

Tabelle 23: In der Literatur genannte Indikationsgebiete für Johanniskrautöl

Indikationsgebiet	Anzahl der Nennungen
Amputationen	●
Blutergüsse	●
entzündungshemmend	●
Gelenkentzündung	●
Gicht	●
Hämorrhoiden, innere	●
Haut, spröde, unreine	●
Magengeschwüre	●
Prellungen	●
Quetschungen	● ●
Rheuma	● ●
schmerzstillend	●
Sportverletzungen	●
Ulcus cruris	●
Verbrennungen	● ●
Verstauchungen	●
Wunden, frische und schwerheilende	● ● ● ● ● ●
Wundliegen	●

- Um den psychotonischen Nerven-Metabolismus zu aktivieren, wird Hypericumextrakt verwendet
- Anwendung bei Infektionen mit Retroviren (HIV)
- Und schließlich gibt es auch ein Medikament zur Behandlung von Gallensteinen, das Riechstoffe wie Menthol, Cineol, Borneol, Pinen etc. in Johanniskrautöl enthält

Fallbeispiele:

Bei 6 Frauen mit depressiven Symptomen im Alter von 55 – 65 Jahren wurde die Wirkung auf die Ausscheidung von Urinmetaboliten, Noradrenalin und Dopamin nach einer Monotherapie mit aktivem Hypericinkomplex (Psychotonin M) gemessen. Bei allen Patientinnen wurde eine beträchtliche Zunahme von 3-Methoxy-4-Hydroxyphenylglucol festgestellt, was als Ausdruck einer beginnenden antidepressiven Reaktion betrachtet werden kann. Mit den selben Patientinnen zuzüglich 9 weiteren Fällen wurde der klinische Einfluß auf die Depression während eines Zeitraums von 4 – 6 Wochen mit den Bewertungsskalen SCAG (Klinische geriatrische Festlegungsskala) und DSI (Depressionsstatus-Bestandsaufnahme) gemessen, und es zeigte sich eine quantitative Verbesserung der Faktoren Angst, dysphorische Stimmung, Interessenverlust, Hypersomnie, Anorexie, Depression, die regelmäßig morgens schlimmer war, Insomnia, Verstopfung, psychomotorische Verlangsamung und Gefühl der Wertlosigkeit.

Tierversuche:

Eine weitere Arbeit befaßte sich mit der Darreichung von Psychotonin M, in experimentellen Tierstudien für die Erkennung psychotroper und insbesondere antidepressiver Aktivitäten. Die Hypericumextrakte steigerten die Entdeckungsaktivität von Mäusen in einer fremden Umgebung, verlängerten, dosisabhängig, die narkotische Schlafzeit beträchtlich, und sie wiesen innerhalb eines engen Dosisbereichs einen Reserpin-Antagonismus auf. Ähnlich vielen anderen Antidepressiva steigerte Hypericumextrakt die Aktivität von Mäusen im Wasserradtest beträchtlich. Nach einer verlängerten täglichen Darreichung verringerte sich die Angriffslust bei sozial-isolierten männlichen Mäusen. Aus diesen Daten, zusammen mit der bereits klinisch-erprobten Wirksamkeit, wird der Gebrauch von standardisiertem Hypericumextrakt bei der Behandlung von schwachen bis mäßigen Depressionen gerechtfertigt.

Medizin

5.3 Monographien-Kommentar *

Johanniskraut

Stammpflanze

Das 40 bis 100 cm hoch werdende, mehrjährige Johanniskraut, Hypericum perforatum (Hypericaceae [= Guttiferae]) ist in ganz Europa verbreitet. Es kommt auf Wiesen, Weiden, Brachland und Waldlichtungen vor und läßt sich an den gelben, punktierten Corollblättern sowie den ebenfalls drüsig punktierten Laubblättern sowie den beiden Längskanten des stielrunden, kahlen Stengels erkennen.

Droge

Diese stammt aus Wildvorkommen Europas, vor allem der östlichen Länder. Dabei gelangen nicht selten auch andere Hypericum-Arten in die Droge (s. Prüfung auf Reinheit).

Inhaltsstoffe

Johanniskraut enthält ca. 0,1 Prozent Naphthodianthrone, besonders Hypericin, Pseudohypericin und verwandte Verbindungen, die in den lysigenen Exkretbehältern der Bluten lokalisiert sind. Die Droge enthält bis 0,3 Prozent ätherisches Öl das vorwiegend aus n-Alkanen besteht, ferner 0,5 bis 1 Prozent Flavonoide und ca. 10 Prozent Gerbstoffe. Auch antibiotisch wirksame Substanzen wie Hyperforin sind nachgewiesen worden.

Prüfung auf Identität

Sie erfolgt entsprechend den Angaben des DAC durch DC-Nachweis des Hypericins in einem Acetonextrakt aus der zuvor mit Chloroform erschöpfend extrahierten Droge [1].

Prüfung auf Reinheit, fremde Bestandteile

Zu achten ist auf Beimengungen anderer Hypericum-Arten; diese lassen sich an abweichenden Merkmalen der Stengelstücke erkennen, so hat Hypericum maculatum (häufigste Verfälschung) vierkantige Stengel, Hypericum montanum stielrunde Stengel. Diese Arten enthalten meist aber sehr viel weniger Hypericin als Hypericum perforatum.**)

Gehaltbestimmung

Diese erfolgt nach DAC durch spektralphotometrische Messung einer entsprechend verdünnten Prüflösung [1].
Andere Gehaltsbestimmungsmethoden: Hypericin und Pseudohypericin können auch mittels HPLC bestimmt werden [2]. Der Flavonoidgehalt läßt sich durch Transmissionsmessung von DC ermitteln [3]. Kürzlich ist auch über die HPLC-Trennung und Bestimmung der Phenole von Hypericum perforatum berichtet worden [4].

6.2 u. 6.3 Gegenanzeigen, Nebenwirkungen

Hypericin gehört zu den photosensibilisierend wirksamen Naturstoffen. Nach oraler Aufnahme wird die Empfindlichkeit gegenüber Licht, besonders gegen UV-Licht, merklich erhöht [5].

[1] L. F. Neuwald und U. Hagenström; Arch. Pharm. (Weinheim) 288, 38 (1955).
[2] W. E. Freytag; Dtsch. Apoth. Ztg. 124, 2383 (1984).
[3] I. Dorossiev; Pharmazie 40, 585 (1985).
[4] B. Ollivier; J. Pharm. Belg. 40, 173 (1985).
[5] A. Fröhlich; Präparative Pharmazie 1, 40; 59 (1965).

---

*) Quelle: Standardzulassungen, Stand: 12. März 1986 Kommentar M. WICHTL

**) Anmerkung des Autors: Das scheint zumindest zweifelhaft zu sein; siehe Tabelle 11

Johanniskraut

1 **Bezeichnung des Fertigarzneimittels**
Johanniskraut

2 **Darreichungsform**
Tee

3 **Eigenschaften und Prüfungen**

3.1 Ausgangsstoff

3.1.1 Johanniskraut
Die Droge muß der Monographie Johanniskraut, Hyperici herba, des Deutschen Arzneimittel-Codex (DAC) 1979, Stammlieferung, entsprechen.

4 **Behältnisse**
Geklebte Blockbodenbeutel bzw. Seitenfaltenbeutel aus einseitig glattem, gebleichtem Natronkraftpapier 50 g/m^2, gefüttert mit gebleichtem Pergamyn 40 g/m^2.

5 **Kennzeichnung**
Nach § 10 AMG, insbesondere:

5.1 Zulassungsnummer
1059.99.99

5.2 Art der Anwendung
Zur Bereitung eines Teeaufgusses.

5.3 Hinweis
Vor Licht und Feuchtigkeit geschützt lagern.

6 **Packungsbeilage**
Nach § 11 AMG, insbesondere:

6.1 Anwendungsgebiete
Zur Unterstützung der Behandlung von nervöser Unruhe und Schlafstörungen.

6.2 Gegenanzeigen
Johanniskrautzubereitungen sind nicht anzuwenden bei bekannter Lichtüberempfindlichkeit.

6.3 Nebenwirkungen
Gelegentlich kann, besonders bei hellhäutigen Personen, eine Lichtüberempfindlichkeit auftreten. Dies zeigt sich in Form von sonnenbrandähnlichen Entzündungen der Hautpartien, die stärkerer Sonnenbestrahlung ausgesetzt waren.

6.4 Dosierungsanleitung und Art der Anwendung
1 bis 2 Teelöffel voll Johanniskraut werden mit siedendem Wasser (ca. 150 ml) überbrüht und nach etwa 10 Minuten durch ein Teesieb gegeben.
Soweit nicht anders verordnet, werden regelmäßig morgens und abends 1 bis 2 Tassen frisch bereiteter Tee getrunken.

6.5 Dauer der Anwendung
Zum Erzielen einer Wirkung ist normalerweise eine Anwendung über mehrere Wochen oder Monate erforderlich.

6.6 Hinweis
Vor Licht und Feuchtigkeit geschützt aufbewahren.

Medizin

5.4 Hypericum in der Homöopathie

In der Homöopathie wird in der überprüften Literatur ausschließlich Hypericum perforatum L. als Arzneimittel verwendet.

1. Herstellung
   Zur Potenzierung wird es als flüssiges Arzneimittel nach einem bestimmten Verfahren gemäß homöopathischem Arzneibuch (HAB-Vorschrift 3a) stufenweise verdünnt und jedesmal mindestens 10 x kräftig geschüttelt [1,2].
   Nach Vorschrift 3a: Die 1. Dezimalverdünnung (D 1) wird aus drei Teilen Urtinktur und 7 Teilen Ethanol 62 %; die die D 2 wird aus einem Teil der D 1 und 9 Teilen Ethanol 62 % hergestellt. Von der 4. Dezimalverdünnung an wird Ethanol 43 % verwendet.

2. Wirkungsrichtung [3]
   o zentrales Nervensystem
   o peripheres Nervensystem
   o Haut

3. Anwendung
   o peripheres Nervensystem:
   Hypericum wird bei allen peripheren Nervenverletzungen wie bei geschnittenen oder zerrissenen Wunden, Stichwunden und Tierbissen, bei posttraumatischen Beschwerden, sowie bei postoperativen Schmerzen, auch nach Lumbalpunktion und Zahnextraktion empfohlen. Insbesondere, wenn die Verletzungen an nervenreichen Stellen sind (Fingerspitzen, Zehen und Steißbein), gilt Hypericum als indiziert [3, 9], z.B. bei Schlag auf den Finger mit in den Arm ausstrahlenden Schmerzen, bei Wurzelreiz-Syndrom, nach Stauchung der Wirbelsäule und bei Steißbeinprellung.
   In der alten homöopathischen Literatur findet man auch bei **allen** folgende Indikationen:
   „Gestochene, geschnittene, gequetschte oder zerrissene Wunden durch Nägel oder Splitter in den Füßen, Nadel oder Splitter unter den Nägeln.
   Drückender, quetschender oder hämmernder Schmerz in Fingern oder Zehen; die verletzten Teile sind reich an Empfindungsnerven wie Finger, Zehen, Matrices der Nägel.
   Wo Nerven gezerrt oder zerrissen sind, mit qualvollen Schmerzen, welche sich in entfernte Partien erstrecken oder im Gliede aufwärts gehen.[4]"
   So steht das Mittel auch im Ruf, bei exzessiven Schmerzen, nach Verletzung oder Operation Schmerzlinderung zu bewirken, (selbst, wenn diese sehr lange zurückliegen), und damit Palliativa einzusparen [3].
   Als weitere bewährte Indikationen gelten Neuralgien und Neuritiden wie Stumpf- oder Amputationsneuralgien oder intercostale Neuritiden nach Herpes zoster [5, 6]. Bei Phantomschmerzen nach wurzelnaher Amputation ist nach KÖHLER manchmal eine günstige Reaktion festzustellen [9].

   o zentrales Nervensystem:
   Folgen von Gehirn- und Rückenmarkserschütterung wie auch funktionelle und arteriosklerotische Depressionen gelten als Indikationen für Hypericum. Es sind Depressionszustände nach Commotio Cerebri, bei Arteriosklerosis Cerebri, im Klimakterium oder nach Verletzungen, bei traumatischem Schock mit *vermeintlichen* Neurosen nach Trauma, *welche sich einer Beeinflussung zugänglich zeigten,* während endogene Psychosen so gut wie niemals auf eine Hypericummedikation ansprachen [3, 4].
   Bei Gehirntraumen und ihren Folgen, wobei der Wirkungsbereich von der Kopfprellung bis zur Kontusion geht, bei Konvulsionen, nach Gehirntrau-

ma und nach Gehirnoperationen bewährt sich Hypericum [9].
- Haut:
Bei Herpes zoster, Erythemata, lichtempfindlichen Hautausschlägen und Entzündungen an den lichtausgesetzten Hautstellen wie Gesicht und Hände kommt Hypericum in Betracht. Anwendung auch zur äußeren Wundbehandlung, besonders bei Brandwunden [3, 7, 8].

4. Arzneimittelbild [nach 3, 4, 7, 9, 10]

Leitsymptome:
- Kongestion zum Kopf mit Reizung der Gehirnnerven (Erregung, Depression, Gedankenschwäche)
- Nervenschmerzen nach Verletzungen, Operationen, nach Gehirn- und Rückenmarkserschütterung, Stumpfschmerzen
- Heftige stechende, reissende Schmerzen an der verletzten Stelle mit Ausstrahlung ins Versorgungsgebiet des betroffenen Nervs, eventuell Kribbeln und Taubheit im Nervenareal
- Schmerzhaftigkeit und Berührungsempfindlichkeit der verletzten Teile sind größer, als es von der äußeren Erscheinung der Verletzung zu erwarten wäre.

Modalitäten:
- Wetterwechsel, Kälte, vor allem feuchte Kälte, Nebel, Bewegung und Berührung verstärken die Beschwerden
- Verschlimmerung auch vor Sturm, von 18 – 22 Uhr und in der Dunkelheit. Besserung in Ruhe; durch Reiben, Liegen auf dem Gesicht, Liegen auf der erkrankten Seite bei Zahnschmerzen und durch Zurückbeugen des Kopfes

Geist und Gemüt:
- Angstgefühle, Gedrücktheit mit Neigung zu Weinen, Gehirn erregt wie nach Teegenuß, angstvolle, unruhige Träume
- Das Gedächtnis versagt
- Angst, aus großer Höhe zu fallen

Kopf:
- Blutandrang zum Kopf mit kongestioniertem Aussehen
- Schwindel, Kopf wird als zu groß empfunden
- Pulsierende Kopfschmerzen am Scheitel, verbunden mit einem Gefühl, hoch in die Luft gehoben zu werden
- In Jochbein und Backe ausstrahlende Kopfschmerzen
- Schmerzen über der Nasenwurzel
- Stechende Schmerzen können in Auge und Ohr empfunden werden
- Zuckungen der Gesichtsmuskulatur
- Gefühl, als ob der Kopf von einer eiskalten Hand berührt wird

Atmungsorgane:
- Heiserkeit, Stechen, Brennen und Enge, besonders in der linken Seite der Brust, verschlimmert bei Bewegung
- Trockener, harter Husten, Auswurf von blutigem Schleim
- Asthma, schlimmer bei nebligem Wetter und Wetterwechsel
- Auffallend starke Geruchswahrnehmung

Verdauungsorgane:
- Trockene Lippen, Geschmack von Blut im Mund, die Zunge ist weiß belegt an der Basis und sauber an der Spitze; Durst mit Hitzegefühl im Mund, Verlangen nach Saurem, Wein, trinkt gerne warme Getränke
- Gefühl eines Klumpens im Magen
- Sommerdiarrhoe mit Hautausschlägen
- Hämorrhoiden mit Neigung zum Bluten, frühmorgens aus dem Bett treibende Durchfälle

Bewegungsorgane:
- Muskelzuckungen, schießende Schmerzen entlang der Nervenstränge, schlimmer durch Berührung und Erschütterung
- Wirbelsäule sehr druckempfindlich, große Empfindlichkeit von Nacken

Medizin

und Rücken entlang der Wirbelsäule, Bücken und Gehen durch heftige Schmerzen beinahe unmöglich
○ Schmerzen in den Gliedmaßen, verbunden mit Schwäche und Zittern, der linke Arm oder das linke Bein sind oft befallen, dabei Besserung durch Reiben
○ Taubheitsgefühl in verschiedenen Teilen, Kribbeln und Ziehen längs der Ischiasnerven

Haut:
○ Hautausschläge, intensiv brennend, stark juckend, schmerzhaft und lichtempfindlich, verschlimmert durch Kälte, Nässe, Berührung und Wasseranwendung
○ Urtikarieller Ausschlag an den Händen mit starken Schmerzen, schmerzhafte alte Narben, Haarausfall nach Hauterkrankung
○ Herpes zoster mit linear in das betroffene Dermatom ausstrahlende schießende, stechende Schmerzen, dabei oft Taubheitsgefühl

Dosierung:

Hypericum wird oft in niedrigen Potenzen empfohlen. In der Regel rezeptiert man Hypericum als D 6, 3 x 5 bis 10 Tropfen über Tage bis Wochen, je nach Schwere der Störung, aber auch Hochpotenzen ab D/C 30 kommen bei langer Anamnese in Frage; dabei ist Vorsicht mit der Potenzwahl und besonders bei Gabenwiederholung geboten, um unnötige Reaktionen zu vermeiden.
Zum äußeren Gebrauch, zur Wundbehandlung, besonders bei Brandwunden, sowie bei Hämorrhoiden werden die Urtinktur und Johanniskrautöl und -salben empfohlen. Bei der Urtinktur und der D 1 kann in seltenen Fällen eine Photosensibilisierung auftreten [3, 5, 7].

Fallbeispiele für die homöopathische Verwendung von Hypericum

44jährige Krankenschwester erlitt beim Öffnen einer Ampulle eine 0,5 cm lange Schnittwunde im Endglied des rechten Zeigefingers seitlich. Die bis ins Subkutangewebe reichende Wunde verursachte starke Schmerzen. Eine halbe Stunde nach der Verletzung wurde 1 x Hypericum C 30 (10 Globuli oral) verabreicht. 5 Minuten nach der Einnahme des Medikaments sind die Schmerzen fast vollständig verschwunden. Der nahezu schmerzfreie Zustand hielt an.

27jährige Studentin trat barfuß in eine dicke Nadel. Diese steckte im Endglied des rechten großen Zehs bis ins Periost. Nach Extraktion der Nadel traten äußerst starke Schmerzen auf. Es wurden 5 Tropfen Hypericum D 6 oral gegeben. Die vorher gleichbleibend heftigen Schmerzen klangen innerhalb einer Minute auf ein Minimum ab und traten nicht wieder auf.

Fallbeispiele für die phytotherapeutische Anwendung von Hypericumpräparaten

62jähriger Beinamputierter (mit 21 Jahren wurde der rechte Oberschenkel bis auf 8 cm amputiert) klagte öfter über äußerst heftige Schmerzen im Stumpf „wie wenn man mit einer glühenden Nadel hineinstechen würde". Nach Gabe von *Hyperforat*, mehrmals 20 Tropfen oral, klangen die Schmerzen weitgehend ab. Der Patient gehörte einer Versehrten-Turngruppe an und erzählte anderen Betroffenen, die gelegentlich über ähnliche Erscheinungen klagten, von der Wirkung des Arzneimittels, woraufhin andere Kriegsversehrte mit gleichem Erfolg *Hyperforat* anwendeten.

65jähriger Patient hatte seit 20 Jahren gelegentlich heftige Herz- und Kreislaufbeschwerden. RR 200 – 220 zu 130/140, Vernichtungsgefühl, starke motorische Unruhe mit Gliederzittern, ähnlich einem Schüttelfrost, fahler Hautfarbe, kalten Schweißausbrüchen; nach diesen Anfällen große körperliche Erschöpfung. Während einem 14tägigem Klinikaufenthalt gelang es, den Kreislauf zu stabilisieren und den Blutdruck auf 120/130 zu 80/90 zu senken. (Morgens und abends je 1 Adalat retard plus

1 Lopresor mite. Morgens zusätzlich ein halbes Dityde H zur Entwässerung.) Es gelang jedoch nicht, die vorwiegend nächtlichen Anfälle ganz in den Griff zu bekommen. Mit 2,5 – 5 mg Valium und 15 – 25 Tropfen Paspertin gegen die vor und während der Anfälle auftretende Übelkeit gelang es zwar, die Anfälle zu mildern, aber nicht zu verhindern. Versuchsweise wurde Valium durch 3 × täglich 20 Tropfen *Sedariston* ersetzt mit dem Erfolg, daß andauernde Beschwerdefreiheit erreicht wurde.

5.5 Der Hypericismus

Über den Hypericismus sind in der Literatur eine ganze Anzahl von Hinweisen vorhanden. MADAUS [11] schreibt: „Bei Weidevieh verursacht der Genuß von Hypericum Hautkrankheiten, die sich durch Eryteme, Ulcerationen und Nekrosen der unpigmentierten Hautstellen äußern und nur bei Bestrahlung mit Sonnenlicht auftreten, so daß man von einer photosensibilisierenden Wirkung der Pflanze sprechen kann."
HAUSMANN und SAGRABNIKI [5] schlugen für diese Krankheit die Bezeichnung „Hartheu-Krankheit, Hypericismus" vor. Man war der Meinung, daß vor allem das rot-fluoreszierende Hypericin die Krankheit verursache. Es gelang HORSLEY [6], diese photosensibilisierende Wirkung experimentell zu bestätigen, wobei er allerdings irrtümlich den „gelben" Farbstoff Hypericin als Ursache bezeichnete. Die Lichtempfindlichkeit sei jedoch erheblich gesteigert worden, wenn man das an sich unwirksame, aus Hypericum isolierte Wachs zufügt.
Das Zentral-Laboratorium des städtischen Klinikums in Karlsruhe führte im Herbst 1952 die nachstehend aufgeführten Versuche (Original-Versuchsprotokoll) durch. Sie wurden am 6. Nov. 1952 abgeschlossen, ergaben aber kein eindeutiges Ergebnis. Bei einigen Tieren bildeten sich jedoch an den Ohren Nekrosen und/oder über der Wirbelsäule am Rücken ein streifenförmiger Haarausfall.

Versuche über die photosensibilisierende Wirkung von Hypericin an Mäusen

Reihe 1

3 Tiere im Gewicht zwischen 15 und 25 g erhielten mit der Schlundsonde je 5 mg Hypericin ohne Chlorophyll (Totalextrakt).
Anschließend Bestrahlung mit einer 500 Watt-Lampe, 1 Stunde lang. Die Tiere waren in einem 3 l-Einmachglas gehalten und wurden von oben in 30 cm Abstand angestrahlt.

Tier 1 nach 15 Min. tot
Tier 2 nach 25 Min. tot
Tier 3 hat überlebt

Bei allen 3 Tieren zeigten sich nach etwa 15 Minuten punktförmige Blutungen an den Ohren, die sich beim überlebenden Tier 3 nach der Bestrahlung in feuchte Effloreszenzen umbildeten. Die Tiere waren bei der Bestrahlung sehr erregt und sprangen fortwährend hoch. Bald waren sie schweißnaß.
Das überlebende Tier bekam nach einer Woche Nekrosen an den Ohren, die nach weiteren zwei Wochen reizlos abgestoßen wurden. In dieser Zeit bildete sich über der Wirbelsäule ein streifenförmiger Haarausfall, der sich nach 5 Wochen nicht zurückgebildet hat.

Kontrollversuch

Der Bestrahlung unter gleichen Bedingungen wurden 3 Tiere unterzogen, die keinen Hypericinextrakt bekamen.
1 Tier war nach 15 Min. tot, die restlichen beiden Tiere am nächsten Morgen. Alle Tiere reagierten in gleicher Weise wie oben auf die Bestrahlung.

Ergebnis: Der Tod trat bei allen Tieren in beiden Versuchen infolge Wärmestauung und Erschöpfung ein. Eine Spezifische Wirkung kann nur bei Tier 3 Versuch 1 angenommen werden.

Medizin

Reihe 2

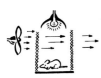

3 Tiere im Gewicht zwischen 15 und 25 g erhielten mit der Schlundsonde je 2 x 5 mg Hypericin ohne Chlorophyll (Totalextrakt), und 3 Tiere je 2,5 mg wie vorhergehend.
Die Versuchsanordnung wurde abgeändert. Die Tiere wurden in einem Käfig aus Maschendraht gehalten. Durch einen Ventilator wurde zimmerwarme Frischluft zugeführt. Die Bestrahlung wurde mittels 500 Watt-Lampe im Abstand von 25 cm 60 Minuten lang durchgeführt.
Nach 24 Stunden wurden die gleichen Tiere nochmals 60 Minuten bestrahlt.
Alle Tiere benahmen sich während und nach dem Versuch unauffällig. *Ein Tier bekam nach 3 Tagen an den Ohren randständige Nekrosen,* die nach 14 Tagen reizlos abgestoßen waren.

Kontrollversuch

3 Tiere wie oben ohne Hypericin-Gabe. Alle Tiere waren und blieben unauffällig.

Reihe 3

Versuchsanordnung wie Reihe 2.

a) 3 Tiere erhielten mittels Schlundsonde 5 mg Nr. 1 (Zusammensetzung nicht bekannt)
1 Tier zeigte nach ca. 14 Tagen streifenförmigen Haarausfall am Rücken. Sonst o.B.

b) 3 Tiere erhielten mittels Schlundsonde 5 mg Nr. 2
1 Tier ging nach 6 Tagen ohne äußerlich erkennbare Ursache ein. Die Sektion ergab keinen Befund. (Mikroskopisch nicht untersucht).

c) 3 Tiere erhielten mittels Schlundsonde 5 mg Nr. 3
1 Tier ging infolge der Sondierung ein. Die übrigen Tiere waren noch nach 3 Wochen unauffällig und äußerlich o.B.

d) 3 Tiere erhielten mittels Schlundsonde 5 mg Nr. 4
Alle Tiere waren und blieben unauffällig und äußerlich o.B.

Alle 12 Tiere wurden 1 Stunde lang bestrahlt, nach 24 Std. abermals 1 Stunde lang.

Reihe 4

Neue Versuchsanordnung. Die Tiere wurden in einem großen Aquarium (ca. 40 l) gehalten. Die Bestrahlung erfolgte mittels 500 Watt-Lampe im Abstand von 30 – 40 cm pausenlos 24 Stunden lang. Keine Frischluftzufuhr mit Ventilator.

a) 3 Tiere erhielten mittels intraperitonealer Injektion 5 mg Nr. 1
Innerhalb von 10 Minuten gingen 2 Tiere ein, das 3. Tier nach 5 Stunden

b) 3 Tiere Nr. 2 wie oben
1 Tier ging nach ca. 4 Stunden ein, 1 Tier nach 5 Stunden,
1 Tier nach 5 Tagen.

c) 3 Tiere Nr. 3 wie oben.
1 Tier ging nach 1 Stunde ein, 1 Tier nach 5 Tagen.
1 Tier überlebt.

d) 3 Tiere Nr. 4 wie oben.
1 Tier ging nach 4 Stunden ein, 1 Tier nach 5 Stunden, 1 Tier nach 7 Stunden.

Kontrollversuch

3 Tiere unter gleichen Versuchsbedingungen wie oben aber ohne Hypericin-Gabe.
2 Tiere gingen nach ca. 2 Stunden ein, 1 Tier überlebte.

Ergebnis: Das überlebende Tier von 4 c zeigt nach 6 Tagen Nekrosen an den Ohren, die bald reizlos abgestoßen werden. Während der Bestrahlung waren alle Tiere sehr unruhig und schienen unter der Wärmestrahlung zu leiden. Die Temperatur betrug maximal 37 Grad C.

Medizin

Reihe 5   Versuchsanordnung wie Reihe 4. Frischluftzufuhr mit Ventilator von oben.

verabfolgt wurde jeweils pro Tier 0,5 ccm von
    Hypericum extract.   10,0
    Trag.   25,0
            Steril!

Die Bestrahlung erfolgte pausenlos 14 Stunden lang.

a) 6 Tiere 0,5 ccm mittels intraperitonealer Injektion
1 Tier nach 30 Minuten eingegangen, 1 Tier nach 8 Stunden,
1 Tier nach ca. 20 Stunden. 3 Tiere überlebten.

b) 5 Tiere 0,5 ccm mittels Schlundsonde.
Alle Tiere überlebten.

Kontrollversuch:

5 Tiere ohne Hypericingabe. Alle Tiere überlebten.

Reihe 6   2 Ratten erhielten mittels subkutaner Injektion je 20 mg Hypericin ohne Chlorophyll (Totalextrakt)
Beide Tiere wurden 3 Wochen lang dauernd dem Tageslicht bei geschlossenem Fenster ausgesetzt. Tiere blieben unauffällig.

Das Versuchsprotokoll wurde deshalb wörtlich wiedergegeben, um zu zeigen bei welchen Versuchsanordnungen – ohne Aussagekraft für den Hypericismus – Tiere nur durch Licht/Wärme eingehen. UV-Bestrahlungsversuche müßten gemacht werden, um die Versuchsanordnung der natürlichen Sonnenbestrahlung besser auszugleichen.

Seit die eigenartige Wirkung von photosensibilisierenden Stoffen als „Hypericismus" bezeichnet wurde, und in der Literatur beschrieben ist, haben viele Wissenschaftler und Forschergruppen sich mit diesem Phänomen beschäftigt. Die Pharmakologie des Hypericismus ist auch heute noch nicht vollständig geklärt. Die photodynamische Wirkung kann im engsten Sinne definiert werden als die farbsensibilisierende Photo-Oxidation von Zellkomponenten, in denen Sauerstoff, Licht und die sensibilisierenden Farben eine wichtige Rolle spielen. Die Hautirritationen beim Tier durch Licht nach Verzehr von hypericinhaltigen Pflanzen treten vor allem bei einer Wellenlänge zwischen 540 und 610 nm auf.

Neuere Studien haben gezeigt, daß der Chromophor des Stentorphotorezeptors Stentorin hypericin-identisch oder -ähnlich ist.

Die Hautirritation beim Tier durch Licht nach Verzehr von hypericinhaltigen Pflanzen können verschwinden, wenn das Tier im Dunkeln gehalten wird. Jedoch bleiben Tiere, die Hypericin in ihrer Diät erhalten haben, eine Woche oder länger lichtempfindlich, wenn sie auf hypericinfreie Nahrung umgestellt werden. Dies läßt darauf schließen, daß das Pigment enggebundene Komplexe mit Zellkomponenten bildet. Im Gegensatz dazu produzieren synthetische Sensibilisierungsfarben wie Eosin, Erythrosin und Bengalrosa Symptome wie Hypericin, wenn sie intravenös gespritzt werden, ohne daß solche Farben im Tierkörper zurückgehalten werden. Die Photohämolyse von roten Blutkörperchen ist eine der bekanntesten Wirkungen von Hypericin. Es gibt umfangreiche Studien über die Hypericin-Lichtempfindlichkeit aus neuester Zeit. Hierbei wurde gefunden, daß die Hypericin-Lichtempfindlichkeit Sauerstoff erfordert. Vermutlich werden aktive Formen von Sauerstoff bei dem Photosensibilisierungsprozeß hervorgebracht, analog zu anderen photodynamischen Sensibilisatoren. Die aktiven Formen von Sauerstoff schließen monomolekulare Sauerstoffsuperoxyde, Hydroxylradikale und Peroxyde ein, die in der Lage sind, Zellsubstrate zu oxidieren.

Im allgemeinen werden bei diesem Prozeß Lichtquanten durch die Sensibilisatoren absorbiert, indem sie einen angeregten monomolekularen Sauerstoffzustand hervorbringen. Dieser angeregte monomolekulare Zustand kann eine Intersystemkreuzung zum dreifachen Anregungszustand durchlaufen. Der Mechanismus der Photosensibilisation hängt dann von der Lebensdauer und der Reaktivierung des „Triplet-Erregungszustands" ab. Monomolekularer Sauerstoff wird hervorgebracht, wenn der Tripletzustandsensibilisator die Anregungsenergie zum Grundstadium von Sauerstoff verwandelt, er ist dann das Primäroxidans in Typ-2-Photosensibilisatorenprozessen.

Man fand hierbei, daß die hypericinsensibilisierte Photooxidation durch Azide und Crocetin verhindert wird.

Durch Tierversuche wurde bisher festgestellt, daß Bixin- und Crocetin-ähnliche Molekülstrukturen die Entstehung des Hypericismus verhindern oder seine Wirkungen mildern. Über die hierfür notwendige Dosierung fanden sich keine Angaben, die für die Übertragung auf Anwendung als Gegengift beim Menschen geeignet erscheinen. Da Crocetin aber erhebliche Nebenwirkungen haben kann [16], dürfte Bixin, zumal dieser Stoff wasserlöslich ist, geeigneter sein.

Im Literaturverzeichnis (Kap. 5.8) ist die umfangreiche Literatur, die sich mit dem Hypericismus und nahe verwandten Gebieten beschäftigt, möglichst vollständig wiedergegeben.

5.6 Toxizität und Genotoxizität von Johanniskraut

Im Sommer 1988 wurden Ärzte, Apotheker und Naturheilkundler durch eine Meldung in der Deutschen Apothekerzeitung [2] verunsichert, wonach Johanniskraut genotoxisch wirken soll. Die Autoren fanden zunächst, daß ein ethanolischer Gesamtextrakt in gepulverter Droge sich als mutagen im Ames-Test erweist. Damit wäre an sich noch nichts erwiesen, denn in der BGA Schrift 3/87 „Erbgutverändernde Gefahrstoffe" ist Ethanol in der Kategorie 2 eingeordnet. 1975 wurde im Dominant-Letal-Test nachgewiesen, daß Ethanol erbgutverändernde Eigenschaften hat; das Auftreten dominanter Letaleffekte in Keimzellen von Säugetieren wurde ebenfalls nachgewiesen [1]. Aufgrund dieser Ergebnisse wurde Ethanol in die Kategorie 2 als Substanz, die erbgutverändernd wirkt, eingestuft.

Bei weiteren Untersuchungen wird in der Arbeit jedoch festgestellt, daß von den untersuchten Inhaltsstoffen des Johanniskrauts Quercetin genotoxisch wirkt. Dies ist keine neue Erkenntnis, denn in der oben zitierten BGA-Schrift ist Quercetin ebenfalls aufgeführt, allerdings nur in der Kategorie 3 (Verdacht, erbgutverändernd zu wirken). Zitiert wird hier eine Arbeit von SAHOUET, ALIOPS, 1981 [1a], wonach Quercetin im Mikrokerntest positiv reagierte. Es gibt allerdings noch zahlreiche andere Stoffe, die bei diesem Test positiv waren, z.B. Acetaldehyd, Aluminiumchlorid, Barbital, Isoascorbinsäure, Natriumnitrat, Kaliumbromat, Daunomycin, Toluol und etwa 50 weitere Stoffe. In der gleichen Kategorie 2 ist auch Koffein, allerdings nach einem anderen Test (Fellflecken-Test), eingestuft. Da Quercetin ein Stoff ist, der in der Natur weit verbreitet ist und es wenig Pflanzen, insbesondere wenig Heilkräuter geben dürfte, in denen Quercetin nicht vorhanden ist, kann von einer ernstlichen Gefährdung durch Johanniskraut oder Zubereitungen wohl kaum gesprochen werden.

Der Inhaltsstoff Hypericin wurde von den Autoren dieser Arbeit ebenfalls untersucht; sie konnten jedoch bei diesem Stoff keine genotoxische Wirkung feststellen.

Bei Versuchen, die im Frühjahr 1989 vorgenommen wurden, um festzustellen, inwieweit Hypericin und Hypericumextrakte die Vermehrung von HIV-Viren hemmen, ergab sich, daß Zubereitungen von reinem Hypericin weniger zellproliferationshemmende Wirkungen haben als solche des Pflanzenextraktes. Dies kann nur dadurch erklärt werden, daß im Gesamtextrakt Stoffe vorhanden sind, die auf menschliche Zellen toxischer wirken als Hypericin.

5.7 Die virale und retrovirale Wirkung von Johanniskraut und Hypericin

Im Juli 1988 erschien eine Arbeit, in der dargelegt wurde, daß Hypericin und Pseudohypericin starke antiretrovirale Wirksamkeit besitzen. Beide Verbindungen zeigen eine hemmende Wirkung bei durch Viren und Retroviren verursachten Infektionen und deren Folgen. Wahrscheinlich beeinträchtigen sie Virusinfektionen dadurch, daß sie entweder den Virus direkt inaktivieren oder verhindern, daß der Virus sich an den Zellmembranen ausbreitet, ausknospt oder ansammelt. Die beiden Verbindungen haben keine sichtbare Aktivität gegen die Transkription, Translation oder den Transport viraler Proteine an die Zellmembran und auch keine direkte Auswirkung auf die Polymerase. Durch diese Eigenschaft unterscheiden sich Hypericin und Pseudohypericin in der Wirkungsweise von anderen Arzneimitteln mit retroviraler Wirkung.

Hypericin und Pseudohypericin haben in vitro niedrige cytotoxische Wirksamkeit bei Konzentrationen, die ausreichen, um dramatische antivirale Effekte in Gewebekultur-Modellsystemen, die Strahlenleukämie und Friendviren benutzen, hervorzurufen. Den bisherigen Beobachtungen entsprechend wurde empfohlen, daß Pseudohypericin und Hypericin als Therapeutikum gegen retroviral-hervorgerufene Krankheiten wie AIDS eingesetzt werden können.

Literatur:

MERUELO, D; LAVIE, G; LAVIE, D.: Therapeutic agents with dramatic antiretroviral activity and little toxicity at effective doses: aromatic polycyclic diones hypericin and pseudohypericin.
Proc. Natl. Acad. Sci. USA, 85 (14) 5230-4/ 1988 Jul/IMD = 8810

KNOX, J. P; DODGE, A. D.: Isolation and Activity of the Photodynamic Pigment Hypericin
Plant cell environ, 8 (1). 1985. 19-26./ 1985/Plced

Weitere Forschungsarbeiten kamen zu folgenden Ergebnissen:

(**A**) *Proc Natl. Acad. Sci. USA, Vol. 86, pp. 5963 – 5967, August 1989 Medical Sciences*

Durch Hypericin und Pseudohypericin wird das Überleben von Mäusen mit durch Friendvieren verursachter Leukämie bedeutend verlängert; hierbei weist Hypericin die größere Wirksamkeit auf.

Virämia, bedingt durch eine fehlende LP-BM 5 Immunwirkung, wurde schon nach wenigen Gaben einer der beiden Substanzen deutlich gehemmt.

Die beiden Stoffe beeinflussen sowohl die Infektion durch Viren als auch die Vermehrung von Viren: Die Ansammlung intakter „Virionen" aus infizierten Stellen wurde offensichtlich durch Hypericin gehemmt. Die Elektronenmikroskopie von virenproduzierenden Zellen, die mit Hypericin behandelt wurden, zeigt, daß Partikel mit unentwickelten oder abnorm gestalteten Nuclei hervorgebracht werden. Es wurde dies als ein Hinweis aufgefaßt, daß die beiden Stoffe Vorläuferproteine störend beeinflussen. Bei den freigewordenen „Virionen" konnte keine Reverse-Transkriptase-Aktivität festgestellt werden.

Die Daten aus den Laboratorien weisen darauf hin, daß sowohl Hypericin als auch Pseudohypericin Retroviren auf eine bisher nicht bekannte Art hemmen, und daß der mögliche therapeutische Wert beider Stoffe bei Krankheiten wie AIDS noch genauer erforscht werden sollte.

(**B**) *Patentdatenbank Dervent*
Wo 8909056, A 891005, DW 8942

(I) ein Nucleosid-Analog wie z.B. 2'3'-Dideoxycitidin, 2,3-Dideoxyadenosin, 2'3'-Dideoxythymidin, 2,3-Dideoxyguanosin und 3'-Azido-3'-deoxythymidin (AZT). Letzteres wird schon seit einiger Zeit als

Monosubstanz in der AIDS-Therapie in den USA und auch in anderen Staaten eingesetzt.

(II) ein polycyclisches Dion Präperat wie Hypericin und Pseudohypericin sowie seine Salze und Zubereitungen kann die Endstadien der Nachbildungen von Retroviren, wie z.B. die Verbreitung oder Verdichtung von viralen Teilen und von infizierten Zellen verhindern oder direkt die Virusteile inaktivieren.

In der Patentschrift wird weiterhin beansprucht, daß Methoden zur Hemmung des Wachstum und der Vermehrung von Retroviren geschützt sein sollen, die auf dem Kontakt mit einem Präparat obiger Art und einem Retrovirus basieren.

Verwendung/Vorteil: (I) und (II) beeinflussen sich gegenseitig, so daß (I) in Konzentrationen angewendet werden kann, die für die behandelten Säugetiere nicht toxisch sind. Sie können für folgende Behandlungen eingesetzt werden:

HIV (AIDS)
Friend-Leukämie-Virus (FV)
Feline-Leukämie-Virus

(C) *Studies of the mechanisms of action of the antiretroviral agents hypericin and pseudohypericin,* G. LAVIE *et al., Communicated by Michael Heidelberger, May 8, 1989*

Hypericin und Pseudohypericin zeigen nach einer retroviralen Infektion bei Mäusen eine äußerst wirkungsvolle antivirale Wirkung. Die rasch fortschreitende, krankhafte Milzvergrößerung, wie sie z.B. durch Friend-Viren hervorgerufen wird, kann vollkommen verhindert werden, wenn Hypericin und Pseudohypericin – bereits in kleinen Mengen – kurz nach der in In-Vivo-Darreichung infizierter Partikel einwirken können.

Die meisten antiretroviralen Arzneimittel, wie z.B. AZT, wirken nur bei häufiger Verabreichung, was eine ernsthafte Vergiftung des Individuums zur Folge haben kann. Dagegen kann eine einzige Dosis von Hypericin oder Pseudohypericin (10 – 50 μg pro Maus) das Überleben von FV-infizierten Mäusen verlängern.

Gibt mann Hypericin oder Pseudohypericin kurz nach der In-Vivo-Darreichung ansteckender Partikeln, so wird die Krankheit sogar vollkommen verhütet.

In-Vitro-Studien mit infizierten Zellkulturen zeigten, daß Pseudohypericin und Hypericin die gesamten viralen mRNA-Stufen oder die Bildung viraler Antigene innerhalb der Zellen nicht beeinträchtigen. Es liegt deshalb der Schluß nahe, daß im Gegensatz zu Therapiemethoden, die allein mit Nucleosid-Verbindungen, wie sie unter *B (I)* aufgeführt sind, Hypericin und Pseudohypericin direkt die „Virionen" inaktivieren oder mit ihnen interferieren. Es scheint auch möglich, daß die antivirale Aktivität auf Wechselwirkungen von Hypericin und Pseudohypericin mit den Zellmembranen zurückzuführen ist.

Diese Art der Virushemmung könnte die Wirkung der Nucleosid-Verbindungen gemäß *B (I)* ergänzen. Diese hemmen die Virusneubildung innerhalb der infizierten Zelle, indem sie vorzeitig die cDNA-Kette beenden. So war z.B. die Kombination von Hypericin und Pseudohypericin mit AZT besonders wirksam bei der Behandlung von Mäusen, die an der von FV hervorgerufenen Leukämie litten. Wurden Arzneimittel getrennt verabreicht, so trat bei gleicher Konzentration und Häufigkeit keine Wirkung ein. Hypericin und Pseudohypericin könnten kontaminiert mit anderen Arzneimittel, wie z.B. AZT, die Therapie von Krankheiten verbessern, welche von Retroviren, wie z.B. AIDS, vervorgerufen, da sie beim Menschen mit guten Ergebnissen auch als Antidepressiva verabreicht werden; diese Tatsache ist im Falle von HIV-Infaktionen wichtig, da diese das Gehirn und das zentrale Nervensystem angreifen.

(D) *Takahashi et al. (Tokyo, Japan)*

Hypericin und Pseudohypericin hemmen speziell die Proteinkinase C (PKC) und können Wucherungen von Säugetierzellen negativ beeinflussen. Diese Feststellungen lassen die Vermutung zu, daß die retrovirale Wirkung von Hypericin und Pseudohypericin auf einer Hemmung einer Art von Phosphorylierung beruht, die durch Proteinkinase C während der viralen Infektion stattfindet. Spezifische Hemmsubstanzen von PKC wären in der Medizin von großem Wert, denn sie könnten die physiologische Rolle von PKC bei Wucherungen und verschiedenartigen Entwicklungen der Zellen klären.

Im Verlauf ihrer Untersuchungen von PKC-Hemmstoffen haben die Japaner eine neue Verbindung gefunden: Calphostin C.

Calphostin ist eine neue Klasse von spezifischem Hemmstoff der PKC mit 3,10-Perylenchinon-Gerüst, die sich daher von anderen bisher bekanntgewordenen Hemmstoffe von PKC unterscheidet. Die Japaner nehmen an, daß auch andere Verbindungen mit Perylenchinon- oder ähnliche Strukturen spezifische PKC-Hemmstoffe sein könnten.

Literatur:

ARONE, A., CARMARDA, L., NASHINI, G. and MERIN, L.: J. Chem. Soc. Perkin Trans. I 1387–1392 (1985)

BACH, R. G. and MERUELO, D.: J. Exp. Med. 160, 270–285. (1984)

BISTER, K., HAYMANN, M. J. und VOGT, P. K.: Virology 83, 431–448 (1977)

BOLOGNESI, D. P., MONOTELARO, R. C., FRANK, H. and SCHAFER, W.: Science 199, 183–186 (1978)

EISENMAN, R., BURNETTE, W. N., ZUCCO, F., DIGGELMAN, H., HEATER, P., TSICHILIS, P. and COFFIN, J.: in Biosynthesis, Modification and Processing of Celluar and Viral Polyproteins, eds. Koch, G. & Richter, D. (Academic, New York), (1980)

EISENMAN, R., VOGT, V. M. and DIGGELMANN, H.: Cold Spring Harbor Symp. Quant. Biol. 39, 1067–1075 (1975)

EISENMAN, R. N., MASON, W. S. and LINIAL, M.: Virol 36, 62–78 (1980)

FIELDS, A. P., BEDNARIK, D. P., HESS, A. and MAY, W. S.: Nature 333, 278–280 (1988)

FRIEND, C.: J. Exp. Med. 105, 307–326 (1957)

HANAFUSA, H., BALTIMORE, D., SMOLER, D., WATSM, K. F., YANIV, A. and SIEGELMAN, S.: Science 177, 1188–1191 (1972)

HAYMANN, M. J., ROYER-POKORA, B. and GRAF, T.: Virology 92, 31–45 (1979)

HIDAKA, H., INAGAKI, M., KAWAMOTO, S. and SASAKI, Y.: Biochemistry 23, 5036–5042

INOMATA, S., NOMOTO, M., HAYASHI, M., NAKAMURA, M., IMAHORI, K. and KAWASHIMA, S.: J. Biochem. 95, 1661–1670 (1984)

KATOH, I., YOSHINAKA, Y., REIN, A., SHIBUYA, M., ODAKA, T. and OROSZLAN, S.: Virology 145, 280–292.

KAWAIS, S. and HANAFUSA, H.: Proc. Natl. Acad. Sci. USA 70, 3492–3497 (1973)

KLINKEN, S. P., FREDERICKSON, T. N., HARTLEY, H. W., YETTER, R. A. and MORSE, H. C.: Immunol. 140, 1123–1131 (1988)

KOBAYASHI, E., ANDO, K., NAKONA, H. and TAMAOKI, T.: J. Antibiotics 42, 153–157 (1989)

KOBAYASHI, E., NAKANO, H., MORIMOTO, M. and TAMAOKI, T.: Biochem. Biophys. Res. Commun. 159, 548–553 (1989)

LAVIE, G., VALENTINE, F., LEVINE, B., MAZUR, Y., GALLGO, G., LEVIE, D., WEINER, D., and MERUELO, D.: Proc. Natl. Acad. Sci. USA 86, 5963–5967 (1989)

Levin, J. G., Grimley, P. M., Ramseur, J. M. and Berzesky, J. I.,: J. Virol. 14, 152–161 (1974)

Levy, J. A. and Shimabukuro, J.: J. Infect. Dis. 152, 734–738 (1985)

Linial, M., Fenno, J., Burnette. B. N. and Rohrscheider, L. M. J.: J. Virol. 36, 280–290.

Linial, M., Mederiros, E. and Hayward, W. S.: Coll 15, 1371–1381 (1978)

Meruelo, D., Lavie, G. and Lavie, D.: Proc. Natl. Acad. Sci. USA 85, 5320–5234 (1988)

Meruelo, D., Lieberman, M., Deak, B. and McDevitt, H. O.: J. Exp. Med. 146, 1088–1095 (1977)

Mirabelli, C. K., Bartus, H., Bartus, J. O., Johnson, R., Mong, S. M., Sung, C. P. and Crooke, S. T.: J. Antibiotics 38, 758–766 (1985)

Mosier, D. E., Yetter, R.A. and Morse, H. C.: J. Exp. Med. 161, 766–784 III (1985)

Nakanishi, S., Yamada, K., Kase, H., Nakamura, S. and Nonomura, Y.: J. Biol. Chem. 263, 6215–6219 (1988)

Nishizuka, Y.: Science 233, 305–312 (1986)

Ohno, S., Kawasaki, H., Imajoh, S., Suzuki, K., Inagaki, M., Yokokura, H., Sakoh, T. and Hidaka, H.: Nature 325, 161–166 (1987)

Panet, A., Haseltine, W. A., Baltimore, D., Peters, G., Haradar, F. and Dahlberg, J. E.: Proc. Natl. Acad. Sci. USA 72, 2535–2539 (1975)

Pinter, A. and der Harven, E.: Virology 99, 103–110 (1980)

Ramsay, G. and Hayman, M. J.: Virology 106, 71–81 (1980)

Scheele, C. M. and Hanafusa, H.: Virology 45, 401–410.

Steevers, R. A., Eckner, R. J., Bennett, M., Mirand, E. A. and Trudel, P. J.: J. Natl. Cancer Inst. 46, 1209–1217 (1971)

Takahashi, I., Asano, K., Kawamoto, I., Tamaoki, T. and Nakano, H.: J. Antibiotics 42, 564–570 (1989)

Troxler, D. H. and Scolnick, E. M.: Virology 85, 17–27

Weiss, R., Teich, N., Varmus, H. and Coffin, J., eds.: RNA Tumor Viruses (Cold Spring Harbor Lab., Cold Spring Harbor, NY), Vol. 1, pp. 513–648 (1984)

Weiss, R. A.: J. Gen. Virol. 5, 529–539 (1969)

Yosihinaka, Y., Ishigame, K., Ohmo, T., Kageyama, S., Shibata, K. and Luftig, R.: Virology 100, 130–140 (1980)

Yorsihinaka, Y. and Luftig, E.: Proc. Natl. Acad. Sci. USA 74, 3446–3450 (1977)

Die Wirkung von Procyanidine aus Hypericum perforatum am isolierten Meerschweinschenherzen

Melzer, R., Fricke, U., Hölzl, J., Podehl, R., Zylka, J.: Procyanidins from Hypericum perforatum: Effects on Isolated Guinea Pig Hearts; the Society for Medicinal Plant Research, Abstracts of Short Lectures and Poster Presentations

Beim 37. Jahreskongres der Gesellschaft für Arzneipflanzenforschung wurden im September 1989 von Hölzl und Mitarbeitern neue Arbeiten über Procyanidine veröffentlicht. Sie konnten nachweisen, daß Procyanidin(PC)-Bruchteile aus Hypericum perforatum L. in Histamin- und Prostaglandin $F_2\alpha$-prekontraktieren isolierten Schweinekoronararterien eine Gefäßtätigkeit auslösen, bei der die höhere oligomere Fraktion, die PC enthält, die aktivste ist. Da PC-enthaltende Extrakte von Crataegus-Spezies den Herzstrom in Langendorff-isolierten Meerschweinchen erhöhen kann, wurde die

Wirkung von oligomeren PC aus Hypericum perforatum auf spontananschlagende Herzpräparate untersucht. Die Messung der Wirkung von PC-enthaltenden Fraktionen auf den Coronarfluß erlaubte zusätzlich die experimentelle Aufzeichnung mehrerer weiterer repräsentativer Parameter.

1. Die Kontraktionskraft der Herzkammer und der Vorkammer
2. Die Herzfrequenz und atrioventriculare Konduktionszeit sowie elektrophysiologische Parameter.

Zusammenfassend konnte festgestellt werden, daß Procyanidine aus Hypericum perforatum den Coronarfluß auf dieselbe Weise verändern wie Extrakte aus Crataegus-Spezies ohne aber andere funktionale Parameter, zumindest bei niedrigen Konzentrationen des Herzens abzuändern. Daraus wurde geschlossen, daß Procyanidine das aktive Prinzip von procyanidinenthaltenden Pflanzenextrakten sind, die bei der Behandlung von Herzkrankheiten eingesetzt werden.

5.8 Literaturverzeichnis

[1] BADR & BADR. Zit. in A. BASLER u. W. v.d. HUDE: Erbgutverändernde Gefahrstoffe, bga-Schriften 3/87, MMV-Medizin Verlag, München (1987)

[1a] BASLER, A., VON DER HUDE, W.: Erbgutverändernde Gefahrstoffe, bga-Schrift 3/87, MMV-Medizin Verlag München (1987)

[2] Deutsche Apothekerzeitung: 128. Jhrgang, Nr. 26 vom 30. 06. 1988

[3] GIBSON, D.: Studies of homoepathic remedies, Beaconsfield Publishers, Bucks, England, Oxford University Press (1987)

[4] HAGERS: Handbuch der pharmazeutischen Praxis, Berlin 1925, 8. Auflage

[5] HAUSMANN und SAGRABNIKI:

[6] HORSLEY, C. H.: Investigation into the action of John's wort, Journ. of Pharmacol. a. Exp. Therap. 50 (1934) 310

[7] Homöopathisches Arzneibuch: 1. Ausgabe (1978), 4. Nachtrag 1985, Deutscher Apotheker Verlag, Stuttgart (1986)

[8] ILLING, K. H.: Therapie akuter Erkrankungen, Haug Verlag Heidelberg (1988)

[9] KÖHLER, G.: Lehrbuch der Homöopathie, Hippokrates Verlag Stuttgart (1986)

[10] LEESER, O.: Lehrbuch der Homöopathie, B I: Pflanzliche Arzneistoffe, Haug Verlag Heidelberg (1973)

[11] MADAUS, G.: Lehrbuch der biologischen Heilmittel, Bd. I – II, Thieme, Leipzig (1938)

[12] MATTHIOLUS P. A.: Kräuterbuch, herausgegeben von J. Camerarius, Frankfurt (1590)

[13] MEZGER, J.: Gesichtete Homöopathische Arzneimittellehre, (6. Auflage), Haug Verlag Heidelberg (1985)

[14] PAHLOW, M.: Meine Hausmittel (1983), Meine Heilpflanzentees (o.J.)

[15] PHATAK, S. R.: Materia Medica of Homoeopathic Medicines, Indian Books & Periodicals Syndicate, New Delhi (1982)

[16] ROTH, L.: Giftpflanzen – Pflanzengifte, ecomed Verlagsgesellschaft mbH, Landsberg (1987)

[17] WIESENAUER, M.: Homöopathie für Apotheker und Ärzte, Deutscher Apotheker Verlag, Stuttgart (1986)

[18] ZIMMERMANN, W.: Homöopathische Arzneimittellehre, Verlagsbuchhandlung Johannes Sonntag, Regensburg (1984)

Literatur zur medizinischen Anwendung von Johanniskraut (Tab. 22)

BRAUN, H., FROHNE, D.: Heilpflanzenlexikon für Ärzte und Apotheker, Fischer, Stuttgart (1987)

FISCHER, G.: Heilkräuter und Arzneipflanzen, Haug, Heidelberg (1947)

FLAMM-KROEBER-SEEL: Pharmakodynamik Deutscher Heilpflanzen, Hippokrates Stuttgart (1940)

GÄBLER, H.: Gesund durch Heilpflanzen? (1979)

HOPPE, H.: Taschenbuch der Drogenkunde, de Gruyter, Berlin (1981)

MÜLLER, E., SAUER, H.: Volksmedizinisches Hausbuch (1985)

SCHNEIDER-FREY: Drogenkunde, O. Hoffmanns, Inning (1964)

THOMSON, W. et al.: Heilpflanzen und ihre Kräfte, Collibri, Bern (1978)

WEISS, R. F.: Lehrbuch der Phytotherapie, Hippokrates, Stuttgart (1985)

WICHTL, M.: Teedrogen, Wiss. Verlagsgesellschaft Stuttgart (1989)

Literatur zur Anwendung von Hypericin bei Depressionen etc.:

MUELDNER, H; ZOELLER, M.: Antidepressive Wirkung eines auf den Wirkstoffkomplex Hypericin standardisierten Hypericum-Extraktes. Biochemische und klinische Untersuchungen.
(Antidepressive effect of a Hypericum extract standardized to an active hypericine complex. Biochemical and clinical studies)
Arzneimittelforschung, 34 (8) 918-20/ 1984/IMD = 8502

OKPANYI, S. N.; WEISCHER, M. L.: Tierexperimentelle Untersuchungen zur psychotropen Wirksamkeit eines Hypericum-Extraktes.
(Animal experiments on the psychotropic action of a Hypericum extract)
Arzneimittelforschung, 37 (1) 10-3/1987 Jan/IMD = 8707

Literatur zu Hypericismus:

ADAM, W. and CILENIO, G. (Eds.): Chemical and Biological Generation of Excited States. Academie Press, New York

ATERCHOWSKY, V.: Arch. Protistenkd. 6. 227 – 229 (1982)

ATNASON, T., TOWERS, G. H. N., PHILOGENE, B. J. R. and LAMBERT, J. D. H.: The role of natural photosensitizcis in plants resistant to insects. ACS Symp. Ser. Plant Resist. Insects 208, 139 – 151 (1983)

ASSANTE, G., LOCCI, I., CAMARDA, I., MERLINI, L. ans NASINI, G.: Screening of the genus Cereospora for secondary metabilites. Phytochemistry 16: 243 – 247 (1977)

BALIS, C. and PAYNE, M. G.: Triglycerides and cercosporin from Cercospora beticola: fungal growth and cercosporin production. Phytopathology 61: 1477 – 1484 (1971)

BANKS, H. J., CAMERON, W. and RAVERTY, W. D.: Chemistry of the occoidea II. Condensed polycyclic pigments from two Australian pseudococcides (Heminopteras). Austra. J. Chem. 29, 1509 – 1521 (1976)

BLUM, H. F.: Photodynamic Action and Diseases Caused by Light, Reinhold, New York.

BLUM, H. F.: Photodynamic Action and Dieseases Caused by Light, Hafner, New York.

BLUM, H. J. and HINES, M.: Q. Rev. Biophys. 12, 103, 180 (1979)

BORON, W. F. and DE WEER, P.: J. Gen. Physiol. 67, 91 – 112 (1976)

BORON, W. F.: In Current Topics in Membranes and Transport (Edited by F. Bonnet and A. Kleinzeller), Vol. 12, pp. 4, 22. Acedemie Press, New York (1980)

BROCKMANN, H.: Photodynamically active plant pigment. Proc. Chem. Soc. 304 – 313 (1947)

BROCKMANN, H.: Photodynamically active natural pigments. Prog. Org. Chem. 1, 64 – 82 (1952)

BROCKMANN, H.: Centenary lecture: Photodynamically acitve plant pigments, Proc. Chem. Soc. 1947: 304 – 313 (1957)

BROCKMANN, H.: Fortschr. Chem. Org. Naturst., 14, 112 (1957)

BROCKMANN, H. and EGGEN E. H.: The constitution of Penicilliopsin. Angew. Chem. 67, 706 – 707 (1955)

BROCKMANN, H., HASHAD, N. M., MAIER, K. und POHL, F.: Hypericin, the photodynamically active pigment hom Hypericum perforatum. Naturwiss. 27, 550 – 555 (1939)

BROCKMANN, H., KLUGE, F. und NUXFELDT, H.: Total synthesis of hypericin. Chem. Ber. 90, 2302 – 2318 (1957)

BROCKMANN, H., POHL, F., MAIER, K. und HASHAD, N. M.: Hypericin: the photodyncmic pigment of the St. John's bread. Annalen 553, 1 – 52 (1938)

BROCKMANN, H. and SANNE, W.: Biosynthesis of hypericin. Naturwiss. 40, 509 – 510 (1953)

BRUNARSKA, Z.: Some hypericin species of the genus Hypericum. H. Hypericum polyphyllum, Dissert. Pharm. 14: 89 – 96 (1962)

BWANGAMOL, O.: An outbreak of photosensitization in Karamojong sheep at Entebbe, Bull. Epizoot. Dis. Afr. 15: 379 – 388 (1967)

BUSCK, G.: On the pathogenesis of buchwheat edema. Mit. Finsen's Med. Lysinstitut 9: 193 – 198 (1905)

CALPOUNZOS, I. and STALKNECHT, G. F.: Symptoms of Cercospora leat spot of sugar beets influenced by light intensity. Phytopathology 57: 799 – 800 (1967)

CAMPBELL, M. H., FLEMONS, K. F. and DELLAR, J. J.: Control of St. John's-wort (Hypericum perforatum var. angustifolium) on non-arable land, Austral. J. Exp. Agr. Animal Husb. 15: 812 – 817 (1976)

CARCY, S. T. and NAIR, M. S. R.: Eloydia. 38, 357 (1975)

CASTELLANI, A. and TORLONE V.: Photobiological aspects of photodynamie lesions of the skin. J. Pathol. Bacteriol. 72. 505 – 510 (1956)

CHICK, H. and ELLINGER: The photosensitizing action of buck wheat (Fagopyrum esculentum), J. Physiol. 100: 212 – 230 (1941 – 42)

CLARE, N. T.: Photodynamic action and its pathological effects, in: Radiation Biology (A. Hollaender, ed.). Vol. 3, pp. 693 – 723, Mc Graw-Hill Book Co., New York (1956)

CLARE, N. T.: Photodynamic action and its pathological effects, Radial. Biol. 3, 693 – 723 (1956)

COROVIC, M., STJEPANOVIC, I., NICOLIE, R., PAVLOVIE, S. and ZIVANOVIE, P.: Content of hypericin and tannin in various species of Hypericum on Tara mountain. Arch. Farm. (Belgrade) 15: 439 – 451 (1965)

DANIEL, K.: Further communications on the photodynamic substance hypericin. Hippokrates 20, 526 – 530; Chem. Abstr. 46, 9721 (1949, 1952)

DAUB, M. E.: Cercosporin, a photosensitizing toxin from Cercospora species. Phytopathology 72, 370 – 374 (1982 a)

DAUB, M. E.: Peroxidation of tobacco membrane lipids by the photosensitizin toxin cercosporin. Plant Physiol. 69, 1361 – 1364.

DAUB, M. E. and BRIGGS, S. P.: Changes in tobacco cell memebrane composition and structure caused by cercosporin. Plant Physiol. 71, 763 – 766 (1983)

DE MELLO, M. P. and DURAN, N.: Bioenergized method for differentiation of (π, π^*) and (π, π^*) in energy transfer processes. Brazilian J. Med. Biol. Res. 15, 96 (1982)

DIEHN, B. M., FEINLEIB, W., HAUPT, E., HILDEBRANDT, I., LENEI and NULTSCH, W.: Photochem. Photobiol. 26, 559 – 560 (1977)

DOBROWOLSKI, D. C. and FOOTE, C. S.: Cercosporin, a singlet oxygen generator. Angewandte chemie. (International Ed.) 22, 720 – 721

DRYI, S.: Bull. Acad. Pol. Sei. Ser. Sei. Biol. 6 429 – 430

DRYL, S.: In Paramecium (Edited by W. J. van Wagtendonk). pp. 165 – 218. Elsevier. Amsterdam (1974)

DUNLAP, K. and ECKERT, R.: J. Physiol. London 271, 119 (1977)

DURAN, N.: Singlet oxygen in biological processes in chemical and biological generation of excited states (W. Adam and G. Cilento, Eds.). pp. 345 – 369. Academie Press, New York (1982)

DURAN, N. and DE MELLO, M. P.: Energy transfer to hyericin in oxidation reactions catalyzed by peroxidase. Arq. Biol. Technol. (Brazil) 25, 149 (1982)

DURAN, N., WALKER, E. B. and SONG, P.-S.: Hypericin, a new acceptor in bioenergized processes. Arq. Biol. Technol. (Brazil) 23, 83 (1981)

DURAN, N., BRUNET, J. E. and GALLARDO, H.: An experiment in photobiochemistry: o-oxidation of indole-3-aldehyde catalyzed by peroxidase. Biochem. Ed. 12, 173 – 178 (1984 a)

DURAN, N., PATTAS-FURTADO, S. T., FALJOM ALARIO, A., CAMPA, A., BRUNET, J. E. and FREER, J.: Singlet oxygen generation hom the peroxidase-catalyzed aerobic oxidation of an activated – CII2-substrate. J. Photochem. 25, 285 – 294 (1986 b7

DURBIN, R. D.: Chlorosis-inducing pseudomonas toxins: their mechanism of action and structure. Pages 369 – 385 in: S. Akai and S. Ouchi, eds. Morphological and Biochemical Events in Plant-Parasite Interaction. The Phytopathological Society of Japan, Tokyo (1971)

ECKERT, R.: Science 172, 472 – 481 (1972)

FAJOLA, A. O.: Cultural Studies on Cercospora Taxonomy: I. Interrelationships Between Some Species from Nigeria. Nova Hedwigia 29: 912 – 921 (1978)

FAJOLA, A. O.: Cercosporin, a phytotoxin from Cercospora species. Physiol. Plant Pathol. 13: 157 – 164

FEINLEIB, M. E.: In Research in Photobiology (Edited by A. Castellani). pp. 71, 83. Plenum Press. New York (1977)

FEINLEIB, M. E.: Photochem. Photobiol. 27, 349 – 354 (1978)

FELKLOVA, M.: Hypericum perforatum as a medicinal plant. Ziva 6, 208 – 209; Chem. Abstr. 54, 3849 h (1958)

FERGUSON, M. I.: Physiol. Zool. 30, 208 – 215 (1957)

FOOTE, C. S.: Photosensitized oxidation and singlet oxygen: consequences in biological systems. Pages 85 – 133 in: W. A. Pryor, ed. Free Radicals in Biology. Vol II. Academie Press, New York (1976)

FOOTE, C. S., CHANG, Y. C. and DENNY R. W.: Chemistry of singlet oxygen X. Carotenoid quenching parallels biological protection. J. Am. Chem. Soe.92: 5216 – 5218 (1970)

FOOTE, C. S. and DENNY, R. W.: Chemistry of singlet oxygen. VII. Qenching by β-carotene. J. Am. Chem. Soc. 90: 6233 – 6235 (1968)

FOOTE, C. S., DENNY, R. W., WEAVER, I., CHANG, Y. and PETERS, J.: Quenching of singlet oxygen. Ann. N. Y. Acad. Sei. 171: 139 – 145 (1970)

FORMANOWICZOWA, H. and KOZLOWSKI, J.: The germination, biology, and laboratory valuation of medicinal seeds used for remedial purposes. Seeds of Hypericum perforatum L, the only cultivated speciew of Guttiferae. Herba Pol. 18: 174 – 183 (1972)

FORNASARI, I. and RODIGHIERO, G.: Photooxidation of blood serum protein in presence of furocoumarins and other photodynamic substances. II Farmaco Ed. Sci. 13, 379 – 381 (1958)

FORNASARI, E. and RODIGHIERO, G.: Polarographie study of photooxidant properties of furocoumarins and other photodynamic substances. Adv. Polagr. Proc. Intern. Cong. Cambridge. England. 3. 1093, 1098 (1959)

FROHNE, F.; Dtsch. Apoth. Ztg. 130 (34), 1868 (1990)

FUCHS, C. J.: Handbuch der allgemeinen Pathologie der Haussäugetiere, Veit und Co., Berlin

GALLARDO, H., GUILLO, L. A., DURAN, N. and CILENTO, G.: Catalysis of the peroxidase mediated oxidation of aldehydes by enolphosphate. Biochim. Biophys. Acta 789, 57 – 62 (1984)

GEORGIEV, E., POPOVY, M. and STAYANOVA, A.: Extraction of Hypericum perforatum I., Nachim. Tr. Vissh. Frot. Khamit Vkusova Prom-St. Provdin 30, 175 – 183

GIESE, A. C.: Photosensitization by natural pigments, Photophysiology 6: 77 – 129 (1971)

GIESE, A. C.: Photosensitization by endogenous naturally- occurring pigments with references to Blepharisma. Res. Prog. Org. Biol. Med. Chem. 3, (Pt 2) 483, 510 (1972)

GIESE, A.: Blepharisma. The Biology of a Light-Sensitive Protozod. Standford Univ. Press. Stanford, CA. (1973)

GIESE, A. C.: Hypericism. Photochem. Photobiol. Rev. 5: 229 – 255. (1980)

GIESE, A. C. and GRAINGER, R. M.: Photochem. Photobiol. 12, 489, 503 (1970)

GILL, M. and STEGLICH, W.: Fortschr. Chem. Org. Naturst., 51, 152 (1987)

HAIDER, D. P.: In Enevclopedia of Plant Physiology (Edited by W. Haupt and M. F. Feinleib), Vol, VII. Springer, Berlin (1979)

HATHELD, G. M. and SLAGLE, D. E.: Lloydia. 36, 351 (1973)

HAUPT, W.: Anna. Rev. Plant Physiol. 16, 267, 290 (1965)

Medizin

HILDEBRANDT, E.: Verh. Dtsch. Zool. Ges. 182, 180 (1970)

HUOT R., BRASSARD, P.: Phytochemistry. 11, 2879 (1972)

INABA, F., NAKAMURA, R. and YAMAGUCHI, S.: Cytologia 23, 72, 79 (1958)

KENNEDY, J. R.: J. Protozool. 12, 542–561 (1965)

KUYAMA, S. and TAMUTA, T.: Cercosporin. A pigment of Cercosporina kikuchii Matsumoto et Tomoyasu. I. Cultivation of Ingus, isolation and purification of pigment. J. Am. Chem. Sow. 79: 5725–5726 (1957)

LOUSBERG, R. J. J. Ch., WEISS, U., SALEMINK, C. A., ARNONE, A., MERLINI, I. and NASINI, G.: The structure of cercosporin, a naturally occurring quinone. Chem. Commun. 1463–1464 (1971)

LYNCH, I. J. and GEOGHEGAN, M. J.: Produktion of cercosporin by Cercospora species. Frans. Br. Mycol. Soc. 69: 496–498 (1977)

MACHEMER, H.: Arch. Protistenkd. 111, 100, 128 (1969)

MACHEMER, H.: Naturwissenschaften 57, 398–399 (1970)

MACRI, I. and VRANELLO, A.: Photodynamic activity of cercosporin on plant tissues. Plant Cell Environ 2: 267–271 (1979)

METZNER, P.: Untersuchungen zur Kenntnis des Hypericins, Kulturplanze 6: 178–197 (1958)

MOLLER, K. M.: On the nature of stentorin, Comp. Rend. Lab. Carlsberg 32: 471–498 (1962)

MUMMA, R. O., LUKEZIE, F. I. and KELLY, M. G.: Cercosporin from cercospora hayii. Phytochemistry 12: 917–922 (1973)

MURASHIGE, T. and SKOOG, F.: a revised medium for rapid growth and bioassay with tobacco tissue cultures. Physiol. Plant 15: 473–497 (1962)

MURPHY, A. H., LOVE, R. M. and BERRY, L. J.: Improving Klamath weed ranges, Calif. Agricul. Exp. Station Circular 437, Davis. California (1954)

NAITOH, Y. and ECKERT R.: Science 164, 963–965 (1969 a)

NAITOH, Y. and ECKERT, R.: Science 166, 1633–1635 (1969 b)

NITIEN, G. and LEBRETON, P.: Flavonoid and other polyphenolic substances from Hypericum nummularium, Ann. Pharm. Franc. 22: 69–79.

NULTSCH, W. and HADER, D.-P.: Photochem. Photobiol. 29, 423 438 (1979)

OANNES, C. and WILSON, T.: Quenching of singlet oxygen by tertiary aliphatic amines. Effect of Dabeo. J. Am. Chem. Soc. 90: 6527–6528 (1968)

ÖHMKE, W.: Über die Lichtempfindlichkeit weisser Tiere nach Buchweizengenuss (Fagopyrismus). Zentr. Physiol. 22: 685–686 (1908)

OVEREEM, J. C. and SIJPESTEIJN, A. K.: The formation of perylenequinones in etiolated cucumber seedlings infected with Cladosporium cucumerinum. Phytochemistry 6: 99–105.

PACE, N.: The etiology of hypericism, a photosensitivity produced by St. John's-wort, Am. J. Physiol 136: 650–656 (1942)

PACE, N. and MACKINNEY, G.: Hypericin, the photodynamic pigment from St. John's-wort, J. Am. Chem. Soc. 63: 2570–2574. (1941)

QUIN, J. I.: The photodynamie action of Hypericum ethiopicum var. galucesans Sond. and H. leucoptychodes (Syn. II lanceolatum), Onderstepoort J. Vet. Sci. Animal Ind. 1: 491–496 (1933 a)

QUIN, J. I.: Studies on photosensitization of animals in South Africa. I. The action of various dyestuffs, Onderstepport J. Vet. Sci. Animal Ind. 1: 459–468. (1933 b)

SALGUES, R.: Chemistry and toxicology of the genus Hypericum, Qual. Plant Materiae Veget. 8: 38–64 (1961)

SENGER, H. and BRIGGS, W. R.: Photochem. Photobiol. Rev. 6. 1–38 (1981)

SEVENANTS, M. R.: Pigments of Blepharisma undulans compared with hypericin, J. Protozool. 12: 240–245 (1965)

SHEARD, C., CAYLOR, H. D. and SCHLOTTHAUER, D. V. M.: Photosensitization of animals after the ingestion of buckwheat, J. Exp. Med. 47: 1013–1028 (1928)

SHIBATA, S. TANAKA, O. and KITAGAWA, I.: Chem. Pharm. Bull. 3, 278 (1955)

SINGER, R.: ,,The Agaricales in Modern Taxonomy," 3rd ed., J. Cramer, Vaduz, 1975, p. 622

SMITH, E. M. and GIESE, A. C.: Exp. Cell Res. 90, 448, 454 (1975)

SONG, P.-S., HÄDER, D. P. and POFF, K. I.: Photochem. Photobiol. 32, 781, 786 (1980 a)

SONG, P.-S., HÄDER, D. P. and POFF, K. I.: Arch. Microbiol. 126, 181, 186 (1980 b)

SPIKES, J. D.: Photosensitization, in: The Science of Photobiology (K. C. Smith, ed.), pp. 87–112, Plenum Press, New York (1977)

STEELE, J. A., UCHYTIL, T. F., DURBIN, R. D., BHATNAGAR, P. and RICH, D. H.: Chloroplast coupling factor I: a species-specific receptor for tentoxin. Proc. Nat. Acad. Sci. USA 73: 2245–2248 (1976)

STEGLICH, W. and OERTEL, B.: Sydoura. 37, 284 (1981)

STEINKAMP, M. P., MARTIN, S. S., HOEFERT, L. L. and RUPPEL, E. G.: Ultrastructure of lesions produced by Cercospora beticola in leaves of Beta vulgaris. Physiol. Plant. Pathol. 15: 13–26 (1979)

THOMSON, R. H.: ,,Naturally Occurring Quinones," 2nd ed., Academic Press. London 1971, p. 591

TURNER, W. B.: ,,Fungal Metabolites," Academic Press, London, 1971, p. 161

TURNER, W. B. and ALDRIDGE, D. C.: ,,Fungal Metabolites II," Academic Press, London, p.152 (1983)

TUTTRAU, M.: Bull. Soc. Zool. Fr. 82, 354–356 (1957)

UTSUMI, K. and YOSHIZAWA, K.: Zool. Mag. 66, 234–239 (1957)

VENKATARAMANI, K.: Isolation of cercosporin from Cercospora personata. Phytopathol. Z. 58: 379–382 (1967)

WALKER, E. B., LEE, T. Y. and SONG, P. S.: Biochim. Biophys. Acta 587, 129–144 (1979)

WENDER, S. H.: The action of photosensitizing agents isolated from buckwheat, Am. J. Vet. Res. 7: 486–499.

WHEELER, H. and HANCHEY, P.: Permeability phenomena in plant disease. Annu. Rev. Phytopathol, 16: 331–350 (1968)

YAMAZAKI, S. and OGAWA, T.: The chemistry and stereochemistry of cercosporin. Agric. Biol. Chem. 36: 1707-1718 (1972)

WILSON, F.: The entomological control of St. John's-wort (Hypericum crispum L) with particular reference to the insect enemies of the weed in southern France, Aust. Council Sci. Ind. Res. Bul. 169: 1–88 (1943)

YAMAZAKI, S., OKUBE, A., AKTJAMA, Y. and FUWA, K.: Cercosporin, a novel photodynamic pigment isolated from Cercospora kikuchii. Agric. Biol. Chem. 39: 287–288 (1975)

YODER, O. C.: Toxins in pathogenesis. Annu. Rev. Phytopathol. 18: 103–129 (1980)

YOSHIHARA, I., SHIMANUKI, T., ARAKI, T. and SAKAMURA S.: Phleichrome: a new phytotoxic compound produced by Cladosporium phlei. Agric. Biol. Chem. 39: 1683–1684 (1975)

ZAITSEVA, I. M.: The effect of the common St. John's-wort on the gastrointestinal tract, Zdravookhr. Beloruss. 12: 23–25 (1966)

ZHEBELEVA, T. I.: Anatomy of superficial organs in hairy St. John's-wort (Hypericum hirsutum L.), Biol. Nauki 16: 70–74 (1973)

6. Register

Fettgedruckte Seitenzahlen führen zu ausführlichen Beschreibungen.

L-Acacatechin	107
Akne	128
Alkanna-Öl	127
Amentoflavon	100, 101
Ames-Test	138
Amputationen	128
Amputationsneuralgien	132
Amputationsstumpfschmerzen	126
Anaemie	126
Androsaemum	12
Angstgefühle	133
Antibakterielle Wirkung	128
Antidiarrhoicum	126
Anwendungsart von Johanniskraut	131
Arteriosklerosis Cerebri	132
Arzneimittelbild	133
Ascyrum	12
Asthma	133
Ausschlag, urtikarieller	134
Autenrieth Kolorimeter	92
Bandage-Spray	128
Bengalrosa	137
Berg-Johanniskraut	32
Berührungsempfindlichkeit	133
Bestandteile, etherlösliche	121
Bestimmung einheimischer Johanniskraut-Arten	28
Bettnässen, psychogen bedingt	126
I 3, II 8 Biapigenin	100, 101
Biflavonoide	101
1,1'-Bisemodin	109
Bläschen im Mund	128
Blasenkrankheiten	126
Blütenfarbstoffe	108
Blutandrang zum Kopf	133
Blutergüsse	128
Brandwunden	133, 134
γ-Cadinen	118
Calamenen	118
Camphen	118, 119
Campher	118
Cannabiscetin	103
Carotinoide	90
Caryophyllen	115, 116, 118
β-Caryophyllen	117
Caryophyllenoxid	118

CAS-Nr.: 78-70-6	119
79-92-5	119
80-56-8	119
98-55-5	119
99-83-2	119
99-85-4	119
99-86-5	119
99-87-6	119
106-22-9	119
106-23-0	119
117-39-5	102
125-35-3	119
127-40-2	108
127-91-3	119
138-86-3	119
153-18-4	104
154-25-4	107
327-27-9	105
480-18-2	104
482-36-0	102
490-46-0	107
491-70-3	103
501-16-6	105
515-00-4	119
520-18-3	103
528-58-5	108
529-44-2	103
548-04-9	97
555-10-2	119
562-74-3	119
586-62-9	119
639-99-6	119
3387-41-5	119
6147-11-1	109
(+)-Catechin	107
Catechusäure	107
Chloralhydratprobe	46
Chlorogensäure	100, 105
Chlorophyll	90
Chlorophyllgehalt	121
Chromatogramm des etherischen Öls	117
Chromatographie	96
Chromosomenanzahl	82
Chromosomenmutationen	101
Citronellal	119
Citronellol	119
Coccus hypericonis Pallas	45
Cochenille, polnische	45
Commotio Cerebri	132
Conradskraut	12
Coris	11

Register

Crataegus-Procyanidine 108
β-Cubeben 118
Cunrad 11
Cyanidinchlorid **108**
Cyanidol 107
Cyclopseudohypericin 99
Cyclosan 97
p-Cymen 118, 119

DAC 130
Dauerpräparate 88
DC-Nachweis des Hypericins 130
Decan 118
Decanal 115
n-Decanal 116
Depressionen 126, 132
Desmethylpseudohypericin 99
Diazepamrezeptor 101
Digitoflavon 103
(+)-Dihydroquercetin **104**
3,3'-Dihydroxy-α-carotin 108
3-(3,4-Dihydroxycinnamoyl)-D(−)-
    chinasäure 105
3,4-Dihydroxyzimtsäure 105
Dodecanol 118
Doppelkolorimeter 92
Dosierung 134
Dosierungsanleitung 131
Durchfälle 133

Einschlußmittel für wasserhaltige
    Pflanzenpräparate 88
Elemol 119
Elodes des marais 29
Endothianin 109
Entzündungen 133
Entzündungen der Hautpartien 131
entzündungshemmend 128
Eosin 137
(−)-Epicatechin **107**
Erba di S. Giovanni 28
 − alata 30
 − comune 30
 − delle Alpi 31
 − delle torbiere 29
 − irsuta 31
 − montana 32
 − occidentale 32
 − prostrata 29
erbgutverändernde Wirkung 101
Ericin 102
Erschöpfung, nervöse 126
Erysiphe hyperici 85
Erythemata 133
Erytheme 135

Erythrosin 137
Etherische Öldestillation, Normbestim-
    mungen 112
Etherlösliche Bestandteile verschiedener
    Johanniskraut-Arten 120
Exkretbehälter, lysigene 130
Extraktion 91

Fallbeispiele für die homöopathische Ver-
    wendung 134
Fette 121
Flavonoide **100**
Flügel-Johanniskraut 30
Frangula-Emodinanthranol 97
fuga daemonum 13
fungizide Wirkung 128

Gallebeschwerden 128
Gallenorgane 126
Gambircatechin 107
Gebärmutterentzündungen 126
Gedrücktheit 133
Gehirnerschütterung 126, 132
Gehirnoperationen 133
Gehirntraumen 132
Gelenkentzündung 126, 128
Gemütsverstimmung 126
Genotoxizität von Johanniskraut 137
Geraniol 115, 116, 117, 118
Gerbstoffe 107
Gesamthypericinwerte 97
Gesichtsmaske, biologische 128
Gicht 126, 128
Gliederzittern 134
Grippe 128
Gyanidenon 103

HAB-Vorschrift 132
Hämorrhoiden 133, 134
 − innere 128
Hartenauwe 11
Hartheu-Krankheit 135
Hartheu
 − alexandrinisch 12
 − nidriglegend 12
Harthew 11
Hautausschläge 134
 − lichtempfindliche 133
Hautkrankheiten 135
Haut, spröde, unreine 128
Heiserkeit 133
Helianthsäure 105
Herbarien 47
Herbarmaterial, qualitative Prüfung 46
Herpes zoster 132, 133, 134

151

Register

Herpes-Virus-Infektionen 128
Herzbeschwerden 134
3,3',4',5,5',7-Hexahydroxy-flavon 103
2-Hexenal 118
Homöopathie 132
HPLC-Bestimmung 96
Humulen 116, 117, 118
Humulon 106
Husten 133
Hyperforat 125, 134
Hyperforin 100, **106**, 130
Hyperici herba 131
Hypericin   15, **46, 89, 97**, 98, 100, 130, 135, 138, 139
Hypericingehalt 95
Hypericingewinnung 90
Hypericismus 135
Hypericon
− herba demonisfuga 11
− schöne 12
Hyperico-dehydrodianthron 98
Hypericum
− acerosum H.B.Kth. 49, 73
− acutum 30, 49, 95, 114, 120
− adenocladum Boiss. 70
− adenophorum Wall. 54
− adenosepalum Spach 84
− adenotrias R. Keller 78, 84
− adenotrichum Spach 49, 70
− adpressum Bartr. 49, 73
− aegypticum L. 49, 114
− aethiopicum L. 49
− aethiopicum Thunb. 71
− afropalustre Lebrun 77
− afrum Lam. 49, 70
− aitchisonii Drumm. 76
− alexandrinum 12
− algerianum Wach. et Steud. 49
− amanum Boiss. 70, 76
− ambiguum Ell. 49, 73
− anagalloides Cham. et Schl. 49, 74
− androsaemum . 12, **21**, 44, 45, 49, 68, 82, 85, 113, 114, 115, 116, 120
− androsaemum Allioni 79
− androsaemum Godron 79, 82
− angulosum Michx. 49, 74
− annulatum Moris 77
− apollinis Boiss. et. Heldr. 49, 69
− apricum Kar. et. Kir. 49
− arabicum Steud. 76
− arenarioides Rich. 77
− armenum Jaub. et Spach 49, 70
− arthrophyllum Jaub. et Spach 79, 84
− asahinae Makino 77
− ascyreia Choisy 78, 82
− ascyron 12, 49, 68, 82, 116
− asperulum Jaub. et Spach 49, 70
− assyricum Boiss. 49, 70
− athoum Boiss. et. Arph. 50
− atomarium Boiss. 50, 71
− attenuatum Choisy 50, 70
− aucheri Jaub. et. Spach 50, 70
− augustifolium Lam. 57
− aureum Bartr. 44, 50, 114
− australe Tenor 50, 70
− aviculariaefolium Jaub. et. Spach . . 50, 72, 76
− bacciferum Lam. 49
− baeticum Boiss. 50, 71
− balcanicum Velen. 76
− balearicum L. . . 26, **27**, 50, 68, 82, 119
− barbatum Jacq. 11, 50, 72, 83
− baumii Engl. et Gilg. 76
− billardieri Spach 74
− bithynicum Boiss. 50, 72
− boissierianum Petr. 50
− bonariense Gr. 50, 74
− boreale Bicknell 50
− brachycalycinum Bornm. 76
− brasiliense Choisy 50
− brathydium Spach 81
− brathys Choisy 84
− brathys Lam. Sm. 50
− brathys Smith 73, 84
− brathys Spach 81
− brathys (Mutis ex L.f.) Choisy 81
− breviflorum Wall. 50, 67
− brevistylum Choisy 50, 74
− Buckleyi Curtis 51, 73
− bupleuroides Griseb. 46, 51, 71, 82
− bupleuroides Stef. 80, 82
− byzanthinum Aznavour 51
− caespitosum Cham. et. Schl. 51, 74
− callianthum Boiss. 51, 70
− calmianum 51
− calycinum L. . . . 45, 51, 67, 82, 114, 116
− cambessedesii Cosson 51, 69
− campanulatum Pursh 51, 67
− campestre Cham. et. Schl. 51, 74
− campylopus Boiss. 80, 83
− campylopus Spach 80
− campylosporus R. Keller 78, 82
− campylosporus Spach 78
− canadense L. 51, 74
− canariense L. 51, 69, 83
− caprifolium Boiss. 51, 71
− car inatum Gr. 74
− caracasanum Willd. 51, 73
− cardiophyllum Boiss. 51, 69
− carinatum Lam. 51

- cassium Boiss. 51, 72
- centrosperma R. Keller 81
- cerastoides N. Robson 83
- cernuum Roxb. 51, 67
- chamaemyrtus Triana 77
- chilense Gay 52, 74
- chinense Lam. 52, 67
- ciliatum Lam. 11, 52, 71
- cistifolium Lam. 52, 73
- coadnatum Chr. Sm. 52, 71
- collinum 52
- concinnum Bth. 52, 68
- condiforme St. Hil. 52
- confertum Choisy 52, 70
- confusum Rose 52
- connatum Lam. **23**, 52, 74
- connatum R. Keller 81
- cordifolium Choisy 52, 68
- coridium Spach 79, 83
- corinatum Lam. 52
- coris L. 11, **19**, 52, 69, 83
- corsicum Steud 76
- corymbosum Michx. 53, 71
- crenulatum Boiss. 53, 69
- crispum L. 11, 12, 53, 71
- crossophyllum Spach 80, 83
- cuisini Barbey 53, 69
- cuneatum Poir. 76
- degenii Bornm. . . . 53, 95, 114, 116, 120
- delphicum Boiss. 53, 71
- densiflorum Pursh 53
- dentatum Boiss. 53
- denticulatum H.B.K. 53
- depilatum Freyn. et Bornm. 53
- desetangsii Lamotte 53
- dichotomum Willd. 53
- diffusum Rose 53
- diosmoides Grieb. 53, 74
- dolabriforme Vent. 53, 73
- drosocarpium Spach 80, 83
- drummondii Torr. et Gray 54, 74
- elatum Ait. 54, 68, 114, 115, 116
- electrocarpum Maxim. 54
- eledoides Choisy 54
- elegans Stephan **33**, **42**, 54, 71
- ellipticum Hook. 54, 73
- elodea Spach 78
- elodeoides Choisy 71, 76
- elodes 85
- elodes Grufb. **29**, 34
- elodes L. 54, 67, 84
- elodes Spach 78
- elodes W. Koch 78, 84
- empetrifolium Willd. 11, 45, 54, 69
- epigeium Keller 54
- erectum Thb. 54
- eremanthe Spach 78
- ericoides L. 54, 55, 69, 116
- euandrosaemum R. Keller 79
- eubrathydium R. Keller 81
- euhypericum Boiss. 79
- fasciculatum Lam. 54, 72
- fastigiatum H.B.K. 54
- floribundum Ait. 54, 69
- foetidum Hock. 74
- foliosum Ait. 54, 68
- formosanum Maxim. 76, 82
- formosum Kunth 54, 71
- fragile Boiss. et. Heldr. 54
- fragile Heldr. et Sart. 69
- frondosum Michx. 54
- fujisanense Makino 77
- fusum L. 35
- galioides Lam. 55, 73
- galliifolium Rupr. 69
- gebleri Ldb. 55, 68, 116
- gentianoides (L) BSP 55
- gheiwense Boiss. 72
- glandulosum Ait. 55
- globuliferum R. Keller 55
- glomerandum Small 55
- gnidiaefolium Rich. 55, 68
- gnidioides Lam. 55
- gracillinum Koidz. 77
- gramineum Forst 55, 74
- grandiflorum Choisy 55, 68
- graveolens Buckleyi 55
- grisebachii Boiss. 72
- gymnanthemum Engelm. et Gray . 55, 74
- hachijoense Nakai 77
- hakonense Fr. et Sav. 76
- haplophylloides Hal. et Bald. 55
- hartwegii Benth 55, 73
- helianthemoides Spach 55, 70
- helodes 56
- heterophylia N. Robson 84
- heterophyllum Vent. 56, 69, 84
- heterostylum Parl. 56, 67
- heterotaenium R. Keller 80
- hircinum L. 56, 68, 114, 116
- hirsutum L. . . 12, **31**, **39**, 44, 56, 70, 85, 95, 114, 116, 120
- hirtella Stef. 83
- hirtellum Boiss. 83
- hirtellum Spach 56, 70
- hockerianum W. et Arn. 68
- homotaenium R. Keller 80
- hookerianum Wight u. A. 56, 116
- humifusoideum R. Keller 79, 84
- humifusum L. 12, **18**, **29**, 44, 56, 69, 83, 116

153

Register

- hyssopifolium Vill. 56, 70
- inodora Stef. 79, 82
- inodorum Willd. 56, 68, 116
- intermedium Steudt 56, 71
- japonicum Thbg. 56, 74
- jauberti Spach 56, 59
- juniperinum Kunth 84
- jussiaei Planch. 77
- kalmianum Lam. 56, 72
- kamtschaticum Ledeb. 76
- kanae Koidz. 77
- karsianum Woronow 56
- kiboense Oliv. 57
- kinashianum Koidz. 77
- kohlianum Sprengl. 54
- kotschyanum Boiss. 57, 70, 114
- laeve Boiss. et Hauskn. 57, 70
- lalandii Choisy 57, 74
- lanceolatum Lam. 57, 67, 82
- lanuginosum Lam. 57, 71
- laricifolium Juss. 57, 73
- laxiusculum St. Hil. 77
- leichtlini Stapf 76
- leprosum Boiss. 57, 72
- leptocladum Boiss. 57, 70
- leschenaultii Choisy 68
- leucoptychodes Steud. 57
- limosum Griseb. 57, 73
- linarioides Bosse. 83
- linearifolium Vahl. 57, 70
- linoides St. Hil. 77
- lobocarpum Gattinger 57
- loheri Merr. 57
- loxense Benth 57, 73
- lusitanicum Poir. 76
- lydium Boiss. 58
- lysimachioides Wall. 58, 68
- macgregorii v. Müller 58
- maculatum Crantz **31**, 38, 44, 58, 61, 85, 95, 114, 120, 130
- majus (canadense) Britt. 58
- makino 77
- maritimum Sieb. 58, 67
- mexicanum L. fil. 58, 73
- microsepalum Gray 58
- modestum Boiss. 58
- monanthemum Hook 76
- monogynum L. 52
- montanum L. . 12. **25**, **32**, 41, 58, 71, 84, 95, 114, 116, 120, 130
- montbretii Spach 58, 72
- morarense Keller 76
- moserianum 45, 58
- multistamineum R. Keller 81
- mutilum L. 58, 74
- myriandra R. Keller 81, 83
- myriandra Spach 81
- myrianthum Cham. et. Schl. 58, 84
- myrtifolium Lam. 58, 73
- mysorense Wight 59, 68
- nanum Poir. 59, 69
- napaulense Choisy 59
- naudinianum Cosson 59, 71
- nervosum Choisy 77
- neurocalycinum Boiss. 76
- nikkoense Makino 77
- nordmanni Boiss. 72
- norysca Spach 78
- nudicaule Walther 59
- nudiflorum Michx. 59, 73
- nummularia L. 59, 69
- nummularioides Trautv. 59, 69
- nummularium 59
- oblongifolium Choisy 51
- officinarum Crantz 60
- oliganthum Fr. et Sav. 76
- oligostema Boiss. 79
- oligostema Stef. 79, 83
- oliveri Spach 70, 76
- olympia Nyman 79, 83
- olympia Spach 79
- olympicum L. 11, **26**, 43, 59, 69, 83, 94, 114, 116, 120
- orientale L. 59, 70, 83, 95, 115, 116, 120
- origanifolia Stef. 83
- origanifolium Willd. 59, 72, 83
- ovalifolium Koidz. 77
- pallens Banks & Solander 84
- paludosum Choisy 59
- paniculatum H. B. K. 59, 74
- parviflorum St. Hil. 59, 74
- patulum 45, 115
- patulum Henryi 76
- patulum Thbg. **22**, 44, 59, 67, 116
- paucifolium H. B. K. 60
- pelleterianum St. Hil. 77
- peludosum IK 60
- penthorodes Koidz. 77
- peplidifolium A. Rich 84
- peplidifolium Hochst. 60, 68
- perfoliatum L. 11, 60
- perforatum L. 11, **16**, **30**, 36, 43, 44, 60, 71, 83, 85, 94, 113, 115, 116, 120, 121, 130, 132
- perforatum, Anwendung in der Medizin 125
- perplexum Woron. 60
- pestalozzae Boiss. 71
- petiolatum Pursh 67
- petiolatum Walt. 60

Register

- pilosum Michx. 60, 74
- polygonifolium Rupr. 60
- polyphyllum Boiss. 60, 69
- pratense Cham. et Schl. 60
- prolificum L. 60, 72, 83
- pruinatum Boiss. et Hall. 60, 70
- przewalskii Maxim. 44, 60, 115
- pseudoandrosaemum R. Keller 79
- pseudobrathydium R. Keller 81
- psorophytum Nyman 79, 82
- psorophytum Spach 79
- pubescens Boiss. 60, 71
- pulchrum L. . . 12, **32**, 40, 44, 60, 71, 85, 95, 115, 116, 120
- pyramidatum Ait. 61
- quadrangulum L. 12, 17, 61, 71, 95, 115, 116, 120
- quartinianum Rich. 61, 67
- quinquenervinum Walt. 61
- quitense Keller 77
- randaiense Hayata 77
- reflexum L. fil. 61
- repens L. 61, 70
- reptans Hook. et. Thoms 61, 68
- resinosum H. B. K. 61, 73
- retusum Auch. 61, 70
- rhodopeum 95, 120
- rhodopeum Friv. 61, 72
- richeri Vill. 61, 72
- rigidum St. Hil. 77
- roberti Cosson 76
- rochelii Griseb. et Schenk 61, 72
- roeperianum Schimp. 61, 67
- roscyna Keller 78, 82
- roscyna Spach 78
- rosmarinifolium Lam. 61, 72
- rufescens Klotzsch 61
- rumelicum Boiss. 62, 72
- rupestre Jaub. et Spach 62, 69, 84
- russegeri Fenzl. 62, 67, 84
- salicaria Rehb. 62
- salicifolium Zucc. 62, 67
- samaniense Miyabe 77
- sampsori Hanke 62, 119
- sanctum M. (Degen) 62, 69
- sarothra Michx. **24**, 62, 74
- scabrellum Boiss. 71, 76
- scabrum L. 62, 70
- schaffneri Walt. 62
- schimperi Hochst. 62, 67
- scopulorum Balf. 76
- scouleri Hook. 62, 71
- senanense Maxim. 77
- seniawini Maxim. 76
- serpyllifolium Lam. 62, 69
- setosum L. 74, 77
- shikokumontanum 77
- silenoides Juss. 62, 73
- simulans Rose 62
- sinaicum Hochst. 62, 71
- sintenisii Freyn. 76
- spachium R. Keller 81
- spectabile Jaub. et Spach 62, 71
- sphaerocarpum Michx. 62, 73
- splendens Small 63
- spruneri Boiss. 63, 72
- strictum H.B.K. 63
- struthiolaefolium Juss. 63, 73
- stylosum Rusby 63
- submontanum Rose 63
- suturosperma R. Keller 81
- taeniocarpium Jaub. & Spach 83
- takasagoya N. Robson 82
- takeutianum 77
- tamariscinum Cham. et Schl. 63
- tauricum R. Keller 63
- tenellum Janka 71, 76
- tenuicaule Hook et Thoms 63, 68
- tenuifolium St. Hil. 77
- terrae firmae Spraque and Riley 63
- tetrapterum Fries 12, **30**, 116, 37, 44, 63, 71, 85, 95, 115, 120
- thasia Boiss. 78, 83
- thasium Boiss. 78
- thasium Griseb. 63, 67, 83
- thesiifolium H.B.Kth. 63, 74
- thujoides H.B.Kth. 63, 73
- thymbraefolium Boiss. et Noe 64, 70
- thymopsis Boiss. 63, 70
- tomentellum Freyn. 76
- tomentosum L. . 12, 64, 71, 95, 115, 120
- triadenia Spach 78
- triadenioidea Jaub. et Spach 80, 84
- triadenum Rafinesque 78
- trichocaulon Boiss et Heldr. 64, 72
- triflorum Bl. 64, 67
- trigynobrathys 81, 84
- triquefolium turra 11, 53
- uliginosum H.B.Kth. 63, 64, 74
- umbellatum Kerner 64, 72
- umbraculoides N. Robson 82
- umbrosum Kimura 77
- undulatum Schousb. 64, 71, 116
- uniflorum Boiss. et Heldr. 72
- velutinum Boiss. 64
- venustum Fenzl 64, 71
- vermiculare Boiss. et Hausskn. 70
- veronese Schrank 64
- vesiculosum Griseb. 64, 72, 76
- villosum Crantz 56

155

Register

- virgatum Lam. 64, 74
- virginicum L. 64, 115
- viridiflorum Schweinitz 64
- vulcanicum Koidz. 77
- webbia R. Keller 79, 83
- webbia Spach 79
- webbii Steud. 64
- wightianum Wal. 64
- xylosteifolium N. Robson 82
- yezoense Maxim. 76
- yunnanense Franch. 77

Hypericumextrakte 138
Hypericummedikation 125, 132
Hypericumrot 89, 97
Hypericum-Procyanidine 108
Hypericum, chromatographische
   Bestimmung 96
Hypericum, etherlösliche Bestandteile ... 120
Hypericum, Gehalt an etherischem Öl ... 114
Hypericum, Inhaltsstoffe 100
Hyperin 90, 102
Hyperosid 90, 100, 101, **102**

Indikationen von Johanniskraut-
   zubereitungen 125
Inhaltsstoffe 100
Iperico 28
Ischias 126
Ischiasnerven 134
Isobutylpropionat 118
Isohypericin 99
Isoquercitrin 100, 102
Isotridecan 118
Isoundecan 118

Johanniskraut 130
   - behaartes **31**
   - geflecktes **31**
   - niederliegendes **29**
   - schönes **32**
   - zierliches **33**
Johanniskrautöl 127, 134
Johanniskrautöl, Indikationen 127
Johanniskrautzubereitungen, Indikationen 125
Johanniskraut-Arten, alphabetisches Verzeichnis 48
Johanniskraut-Arten, wirtschaftliche Bedeutung 45

Kämpferol **103**
Kaffeesäure 100, **105**
Kakaol 107
Karies 128
„Karlsruher Apparatur" **110**

Keimung, Stadien 44
Keissleriella ocellata 85
Kelchblätter, Sekretbehälter 43
Kielcorin 99
Klein Harthaw 12
Klimakterium 132
Kopfprellung 132
Kopfschmerzen 126, 133
Koyun Kiran 45
Kreislaufbeschwerden 134
Kribbeln 133

Leberbeschwerden 126, 128
Lichtüberempfindlichkeit 131
Limonen 115, 119
Linalool 119
Lungenkrankheiten 126
Lupulon 106
Lutein 108
Luteolin **103**

Maculatuxanthon 109
Magendrücken 126
Magengeschwüre 126, 128
Magenstörungen 128
Magen-Darmkatarrh 126
Mangiferin 109
Mangostin **109**
Mannsblut 11
Melampsora hypericorum 85
Meletin 102
Melin 104
Menstruationsbeschwerden 126
3-Methoxy-4-hydroxyphenylglucol 129
2-Methyl-3-buten-2-ol 106, 118
2-Methyldecan 115
6-Methyl-5-hepten-2-on 118
3-Methylnonan 118
2-Methyloctan 118
Mikrokerntest 100, 138
Millepertuis 28
- couché 29
- hérissé 31
Monographien-Kommentar 130
Monoterpene 116
Muskelzuckungen 133
Mycoporphyrin 97
Mycosphaerella elodis 85
Myrcen 115, 118, 119
Myricetin **103**
Myrtenol 119

Nebenwirkungen von Hypericumpräparaten 131
Nekrosen 135

Nervenschmerzen	126, 133
Nervenverletzungen	132
Nervosität	128
Neuralgien	132
Neuritiden	132
– intercostale	132
Nierenkrankheiten	126
Nimbicetin	103
Nonan	118
n-Nonan	115
Octanal	115
n-Octanol	116
Öldestillation	112
Öle, etherische	**110**
Oleum Hyperici	127
Oxyskyrin	109
Parodontose	128
Paspertin	135
Pavor nocturnus (Kind)	126
Penicilliopsin	97
Penicilliopsis clavariaeformis	97, 109
3,5,7,3',4'-Pentahydroxy-flavanon	104
Pentahydroxyflavon	102
3,3',4',5,7-Pentahydroxyflavyliumchlorid	108
Periodenbeschwerden, krampfartig	126
Petrolether-lösliche Fette, Eigenschaften	121
Pflanzensäuren	105
Phantomschmerzen	132
α-Phellandren	119
β-Phellandren	119
Photohämolyse	137
Photosensibilisierung	134
Photosensibilisierungsprozess	137
Photo-Oxidation	137
Phytohistol	88
Phytomelin	104
α-Pinen	115, 118, 119
β-Pinen	115, 119
Ploidie	82
Populnetin	103
Prellungen	128
Procyanidine	108
Protohypericin	98
Protopseudohypericin	98
Pseudohypericin	91, 97, 98, 100, 130, 139
Pseudohypericodehydro-dianthron	98
Psychotonin M	125, 129
psychotonischer Nerven-Metabolismus	128
Püren	45
Quercetin	100, 101, **102**, 138
Quercetin-3β-D-galactosid	101, 102
Quercetin-3-glycosid	102

Quercetin-3-L-rhamnosid	102
Quercetin-3-rutinosid	104
Quercitrin	100, 102
Quetschungen	128
Regelstörungen	126
Reiofricon	11
Reserpin-Antagonismus	129
Rhamnolutin	103
Rheuma	126, 128
Robigenin	103
Rutin	100, **104**
Sabinen	119
Saint John's wort	30
Samengrößen von Hypericum-Arten	44
Sant Johans Kraut	11
Schimmelpilze als Schädlinge	85
Schlafstörungen	126, 128, 131
Schmerzen, postoperative	132
schmerzstillend	128
Schock, traumatischer	132
Schüttelfrost	134
Schwäche	134
Schweißausbrüche	134
Schwindel	133
Seborrhoe	128
Sedariston	125, 135
Seimatosporium hypericinum	85
Sekretbehälter	17, 46
– statistische Angaben	43
Sensibilisierungsfarben	137
Septoria hyperici	85
Sesquiterpene	116
Sesquiterpenoid, oxidiertes	119
Small upright St. John's wort	32
Sommerdiarrhoe	133
Sophoretin	102
Sportverletzungen	128
Staubblätter, Sekretbehälter	43
Steißbeinprellung	132
Stentorin	137
Stichwunden	132
Stomatitis	126
St. Johanniskraut	12
St. John's wort	28
Sumpf-Johanniskraut	**29**
Sunte Johanniscrud	11
Swartziol	103
Sykrin	**109**
Syndrom, psychovegetatives	126
Systematik	
– nach Engler und Prantl	66
– nach Robson	78
– nach Strasburger	65

Register

Taubheit 133
Taubheitsgefühl 134
Taxifolin 104
Teecatechin I 107
Terpinen-4-ol 118, 119
Terpinolen 119
α-Terpinen 118, 119
γ-Terpinen 119
α-Terpineol 115, 116, 117, 119
3,4',5,7-Tetrahydroxyflavon 103
1,3,6,7-Tetrahydroxyxanthon 109
Thujen 118
Toxizität von Johanniskraut 138
Träume, unruhige 133
Tridecan 118
Trifolitin 103
Tüpfel-Johanniskraut 30

Ulcerationen 135
Ulcus cruris 128
Undecan 118
n-Undecan 115
Unruhe 126
– nervöse 131
Urtinktur 134

Valium 135
Verbrennungen 128
Verdauungsstörungen 126
Vernichtungsgefühl 134
Verschleimung 126
Verstauchungen 128

Wachse 121
Wasserlösliche Stoffe, Gehalt an .. 121
Wechseljahrebeschwerden 126
Wiedergabeverfahren 15
Wirkung
– antibakterielle 126
– fungizide 128
– gefäßschützende 128
– leberschützende 128
– mutagene 138
– photosensibilisierende 135
– spasmolytische 128
– virale u. retrovirale v. Johanniskraut u.
  Hypericin 139
– zellproliferationshemmende 138
Wundbehandlung 134
Wunden 132
– frische und schwerheilende 128
Wundliegen 128
Wundöl 127
Wurmmittel 126
Wurzelreiz-Syndrom 132

Xanthophyll **108**

Zahnschmerzen 133
Zittern 134
Zuckungen der Gesichtsmuskulatur .. 133
Zulassungsnummer nach AMG 131

Bereits in 3. Auflage mit wesentlich erweitertem Inhalt und über 550 farbigen Abbildungen...

Mit Einzeldarstellungen zu über 1000 Giften, Giftpflanzen und Giftpilzen.

Die 3. Auflage stellt eine gründliche Überarbeitung und wesentliche Erweiterung des Werkes dar:

- Zahlreiche neue Monographien sind hinzugekommen, so daß jetzt 465 Pflanzenkapitel vorliegen, in denen teilweise mehrere Pflanzen aufgeführt sind.
- Mit den neu hinzugekommenen Abbildungen enthält das Werk jetzt über 550 Farbbilder.
- Die Pflanzeninhaltsstoffe mit den dazugehörigen Formeln sind auf 339 Stoffbeschreibungen ergänzt worden.
- Die Wirkungen allergie-induzierender Pflanzen auf Haut und Schleimhäute und die allergischen sowie phototoxischen Reaktionen sind in einem neuen Beitrag von Prof. Dr. B. M. Hausen dargestellt: Allergie und allergie-induzierende Stoffe im Pflanzenbereich. Bei den entsprechenden Pflanzen findet sich jeweils ein Abschnitt „Wirkungen auf Haut und Schleimhäute".
- Die Giftwirkung bei Tieren, die auch einen gewissen Rückschluß bei Menschen zuläßt und dadurch Tierversuche vermeiden hilft, wurde ausführlicher behandelt.
- Zahlreiche weitere Ergänzungen und Verbesserungen runden diese neue Auflage ab, so daß das Giftpflanzenbuch damit wieder als umfassendes und praxisbewährtes Nachschlagewerk zur Verfügung steht.

Roth – Daunderer – Kormannn
Giftpflanzen – Pflanzengifte
Leinen-Hardcover, 1200 Seiten,
Format 17 × 24 cm, **DM 198,–**
ISBN 3-609-64810-4

Kontaktdermatosen und die verursachenden Kultur- und Wildpflanzen

Allergiepflanzen - Pflanzenallergene

B. M. Hausen
Allergiepflanzen – Pflanzenallergene
Kontaktallergene
Leinen-Hardcover, ca. 330 Seiten, Format 17 × 24 cm.

DM **98,-**

ISBN 3-609-64080-4

- Leitfaden für den allergologisch tätigen Dermatologen
- Erstmalige Beschreibung von allergenen Erscheinungsbildern durch Pflanzen
- Einzeldarstellung der kontaktallergie-induzierenden Pflanzen, auch exotischer Arten, anhand von über 120 Farbabbildungen
- Dokumentation der Wirkung dieser Pflanzen auf die Haut
- Ausführliche Literaturhinweise ermöglichen weiterführende Informationen
- Die Untersuchungen zum Sensibilisierungsvermögen stammen weitgehend aus noch nicht veröffentlichten Quellen.

verlagsgesellschaft mbh